KB066773

베스트
한 그릇
다이어트 레시피
100

먹으면서 빼는 최강의 삼시 세끼

베스트 한 그릇 다이어트 레시피 100

최희정 지음

비타북스

PROLOGUE

한 그릇 다이어트의 기적을 당신의 일상 속으로

안녕하세요. 한 그릇 다이어트 레시피의 세 번째 책으로 인사드리는 최희정입니다.

첫 번째 책 《한 그릇 다이어트 레시피》와 두 번째 책 《한 그릇 집밥 다이어트 레시피》가 감사하게도 정말 많은 사랑을 받았어요. 주신 사랑에 조금이나마 보답하고자 더욱 알찬 내용으로 업그레이드된 '다이어트 끝판왕' 레시피북으로 새롭게 돌아왔습니다. 인스타그램에서 최고 '좋아요' 수를 기록한 인기 레시피를 모아 최신 다이어트 트렌드를 반영해 100가지의 베스트 한 그릇 레시피를 한 권으로 묶었습니다.

닭가슴살, 고구마와 같은 천편일률적인 다이어트 식단에 질려서 '이 지겨운 식단을 언제까지 해야 하지?', '그냥 포기하고 살면 편하지 않을까?' 하는 생각이 한 그릇 다이어트 레시피를 만들게 된 계기였습니다. 똑같은 닭가슴살 하나를 먹더라도 탄수화물, 단백질, 지방을 골고루 섭취하면서 정말 맛있게 먹고 싶었어요. 본

격적으로 레시피를 연구해서 만들고, 실제로 맛있게 먹으며 체중 감량에 성공했지요. 이렇게 건강한 음식으로 즐겁게 다이어트를 할 수 있다는 것을 많은 사람에게 알리고 싶어 이를 SNS에 공유하기 시작했어요. 사람이 살아가는 데 먹는 재미는 결코 빠질 수 없어요. 다이어트가 처음인 분, 오랜 식단 조절로 지친 분, 혹은 정체기나 요요로 스트레스를 받는 이 세상 모든 다이어터에게 저의 레시피가 도움이 되기를 바랄 뿐입니다.

따끈따끈한 첫 책을 손에 쥐었을 때 정말 펑펑 울었던 기억이 납니다. 그랬던 제가 벌써 세 번째 책을 쓰게 되었다니 감회가 새로워요. 이번 책은 더욱더 잘 만들고 싶어서 저의 모든 힘을 쏟아부었어요. 첫 번째, 두 번째 책보다 더 많은 시간과 정성을 들였고 사진 촬영부터 레시피 팁 하나까지 심혈을 기울였어요. 고생한 만큼 언제 보아도 아쉽지 않은 책을 만들었다고 자신합니다. 펼쳐 놓고 그대로 따라 하면 사진처럼 예쁘고 맛있는 건강 요리가 짠 하고 탄생될 거예요. 오랜 다이어트로 자존감이 떨어지고 기운이 없는 이들에게 저의 에너지와 진심이 전해지길 바랍니다. 저를 응원해주는 많은 분들 덕분에 이렇게 계속 책을 쓰고 마음을 전할 수 있는 것 같아요. 진심으로 감사합니다. 이 글을 읽는 모두가 남의 이야기가 아닌, '이제는 나도 이렇게 될 수 있어, 할 수 있어!'라는 생각으로 맛있는 레시피와 함께 다이어트의 과정을 즐겼으면 좋겠어요. 제가 언제나 가까이서 응원하고 있겠습니다.

벌써 세 번째 기회를 준 출판사분들에게 정말 감사드리고, 늘 곁에서 저의 모든 것을 응원해주시고 사랑해주시는 저의 부모님, 우리 가족, 땅콩이 모두 정말 고마워요. 제가 더 많이 사랑해요. 그리고 제 곁에서 늘 응원해준 언니들, 동생들, 그리고 친구들, 티거. 내가 힘들 때, 행복할 때 모든 이야기를 들어주고, 이해해줘서 모두 고맙고 사랑합니다.

벚꽃잎이 하얗게 흐드러진 4월에

최희정

CONTENTS

Before One Plate Diet

세상 모든 다이어트를 시도해본 희정 쌤의 베스트 팁
한 그릇 다이어트를 시작하기 전에

Good Morning!

하루를 든든하게 시작하는 아침 한 그릇

Good Afternoon!

도시락에 담아 한입에 쏙! **점심 한 그릇**

이제는 굶지 마세요 저녁 한 그릇

SNS 최다 요청! 미리 만들어 두는 한 그릇 **밀프렙**

Before One Plate Diet

세상 모든 다이어트를 시도해본 희정 쌤의 베스트 팁

한 그릇 다이어트를 시작하기 전에

한 그릇 베스트 다이어트 레시피를 소개하기에 앞서 실제 책에 소개된 레시피로 25kg을 감량하고 감량 몸무게를 유지 중인 저의 다이어트 스토리를 낱낱이 공개합니다.
이 땅의 수많은 다이어터들과 인스타그램으로 꾸준히 소통하면서 가장 많이 궁금해했던 주제들에 대해 자세히 이야기해보려고 해요. 스스로 건강한 다이어트가 필요한지 점검해볼 수 있는 체크리스트부터 정체기를 극복하는 마인드 관리법, 폭풍 감량에 도움을 준 운동법까지 싹 다 소개할게요.
과학적으로 입증된 한 그릇의 기본 구성을 시작으로 한 그릇 다이어트가 처음인 분들을 위해 목표 체중에 빠르게 도달할 수 있는 베스트 플랜까지 완벽히 설명했어요. 본격적으로 요리를 시작하기 전에 읽어보면 좋을 식재료 소개, 포장 팁 등도 가득 담았습니다. 한 그릇 베스트 다이어트 레시피로 인생 몸매 프로젝트 시작해볼까요?

한 그릇 다이어트의 기본 원칙

과학적으로도 입증된 한 그릇의 기본 구성을 소개해요.
제가 3년째 매일 한 그릇 식단을 먹으며 체중 감량에 성공했고, 꾸준히 유지하고 있는 비결입니다.

충분한 단백질, 양질의 탄수화물과 우리 몸에 꼭 필요한 지방을 골고루 섭취하는 것이 한 그릇 다이어트 레시피의 핵심입니다.
하나의 재료에만 치우치지 않고 식이섬유가 풍부한 채소들과 양질의 고단백 식품인 육류, 비타민과 무기질이 가득한 과일 등이 총출동하여 365일 질리지 않고 매일 만들어 먹을 수 있다는 것이 가장 큰 장점이에요. 계절과 상황에 맞춰 실생활에서 구하기 쉬운 식재료들을 직접 조합해보며 가장 맛있고 조화로운 한 그릇 다이어트 레시피가 탄생했습니다. 한 그릇의 기본적인 영양소 구성을 알아두면, 자신이 좋아하는 식재료를 활용해 무궁무진한 레시피를 만들 수 있어요.

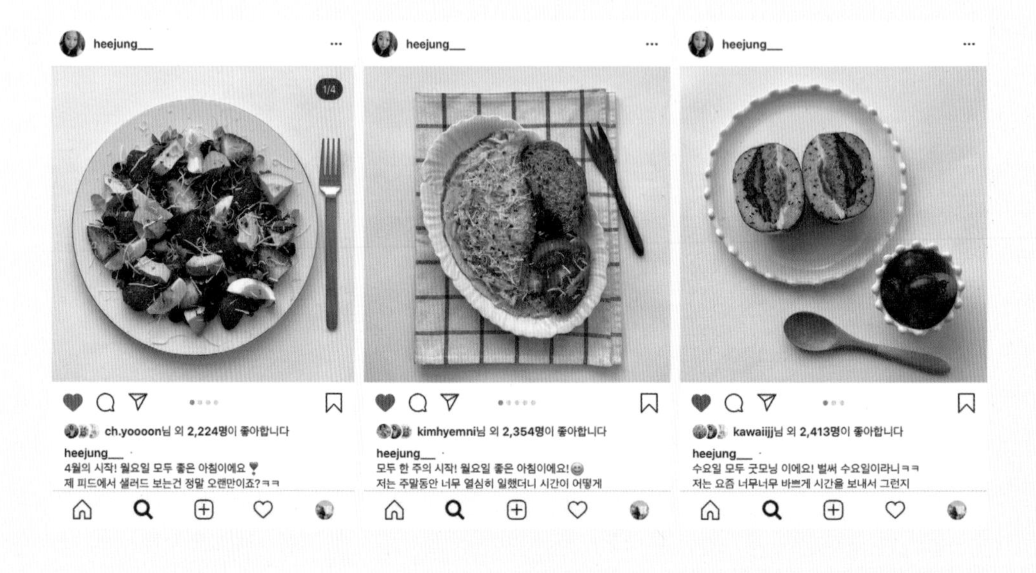

한 그릇 다이어트 레시피는 하버드대학교에서 제안하는 '한 접시 식단'과도 매우 유사합니다. 과학적으로도 효과가 입증된 셈이지요. 한 그릇 안에는 기본적으로 식이섬유가 풍부해 포만감을 높여 하루 식사량을 전체적으로 줄이는 효과도 있습니다. 당뇨병, 고혈압, 고지혈증과 같은 대사 질환의 원인이 되는 '비만'의 예방과 관리에도 큰 도움이 됩니다. 유전적 요인 등으로 사람마다 차이는 있겠지만 기본적인 영양소를 골고루 섭취하므로 탈모, 변비, 생리불순, 빈혈 같은 다이어트 부작용도 없었어요. 제가 직접 경험하고 발견한 다이어트 최고의 비법, 바로 한 그릇 다이어트 레시피입니다.

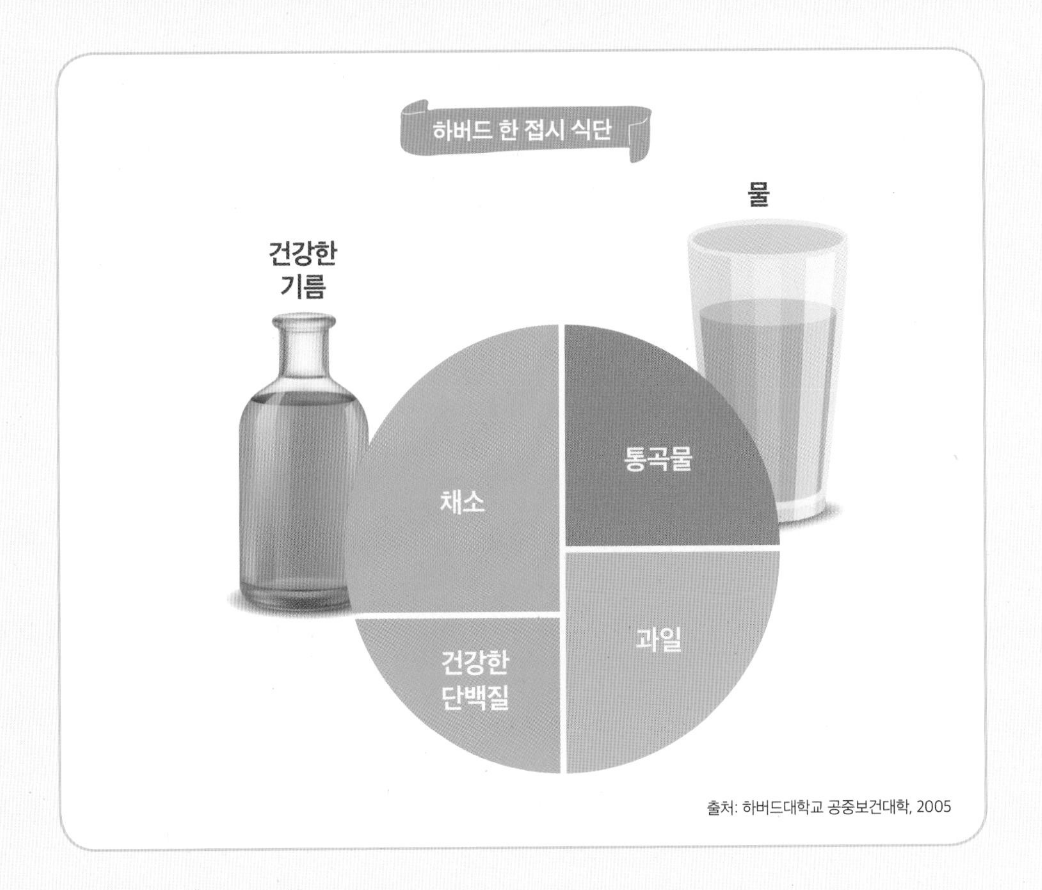

2

한 그릇 다이어트 체크리스트

아래 리스트 중에 하나라도 내 이야기가 있다면? 이제 당신은 한 그릇 다이어트를 만나야 합니다.
모두 해당한다고 해도 걱정하지 마세요. 저도 다 겪었던 일들입니다.
사람 마음이 다 똑같듯, 그 절실함을 제가 가장 잘 알기에
힘든 시기를 극복할 수 있었던 한 그릇 다이어트 레시피를 꼭 알려주고 싶어요.

- ☐ 주사, 한약 등의 약물 다이어트는 꺼려진다. 혹은 시도 후 요요가 왔다.
- ☐ 쫄쫄 굶는 다이어트는 더 이상 못 하겠다.
- ☐ 잘 자고 잘 먹어도 항상 피곤하고 몸이 축축 처진다.
- ☐ 맛있는 음식을 먹으면서 살도 빼고 싶다.
- ☐ 단기간이 아닌 오래 지속할 수 있는 다이어트를 하고 싶다.
- ☐ 폭식과 구토의 굴레에서 벗어나고 싶다.
- ☐ 불어난 체중 때문에 더 이상 맞는 옷이 없다.
- ☐ 체형의 변화로 잃었던 자신감을 되찾고 싶다.
- ☐ 부종이나 만성 소화불량이 있어 고민이다.
- ☐ 감기에 자주 걸리고 툭하면 잔병치레에 시달린다.

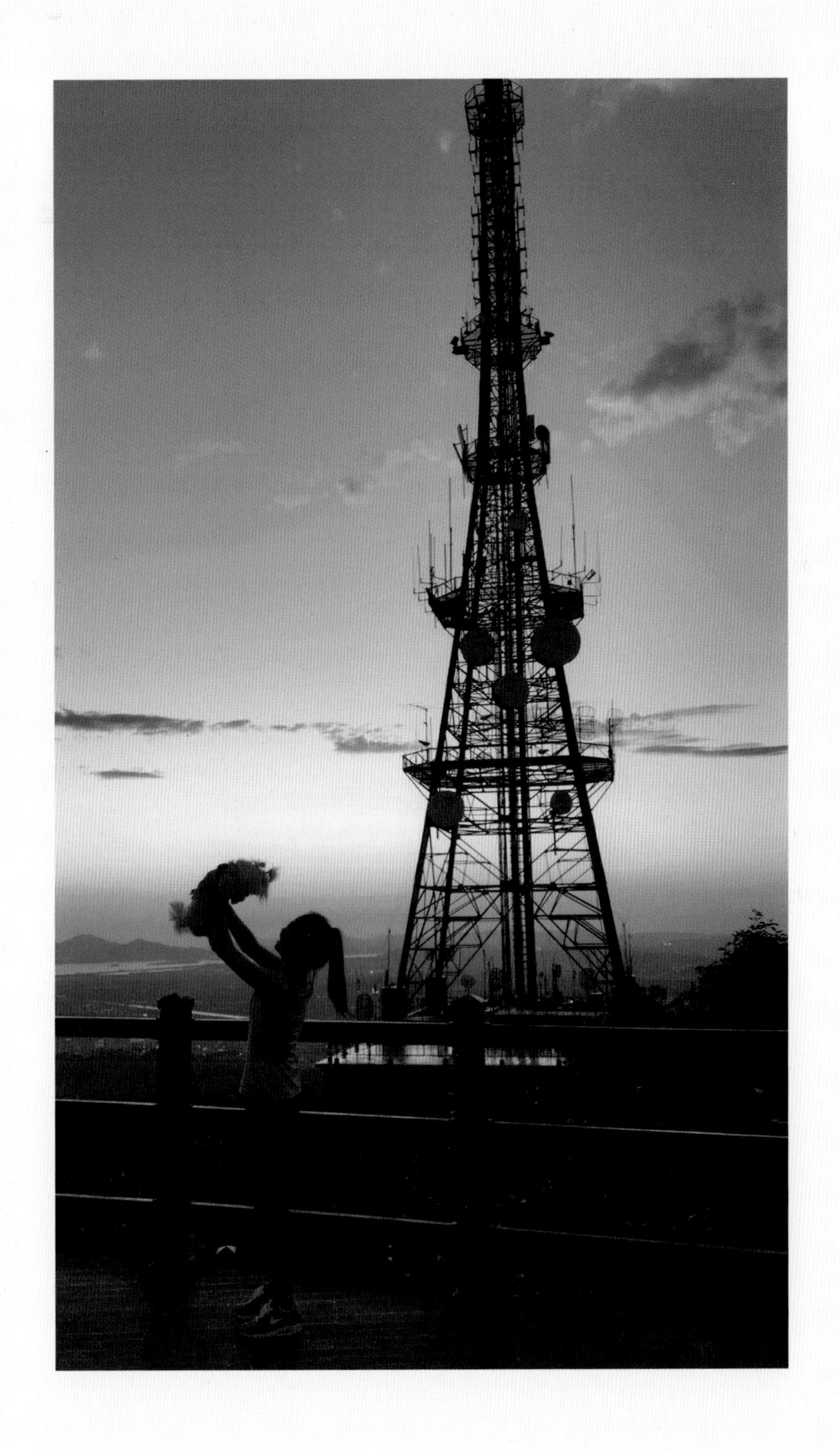

3

아침, 점심, 저녁 한 그릇 다이어트 베스트 플랜

'아침은 왕처럼, 저녁은 거지처럼'이란 말 한 번쯤 들어보았지요? 아주 틀린 말은 아니지만 극단적인 식단은 피해야 합니다. 이 책은 아침, 점심, 저녁 하루 세 번의 식사를 큰 카테고리로 나누어 그 안에서 상황에 맞게 스스로 한 그릇 다이어트 플랜을 짤 수 있도록 했어요. 건강하고 효과적으로 살을 뺄 수 있도록 삼시 세끼마다 포인트를 주어 구성했답니다.

아침 다이어트 중 질 좋은 탄수화물을 충분히 섭취해야 하는 아침입니다. 무조건 탄수화물을 배제하지 않아 스트레스와 요요가 덜한 것이 한 그릇 다이어트 플랜의 특징이에요. 우리 몸에 좋은 탄수화물 식품인 현미밥, 통밀빵을 최대로 활용하여 든든하게 하루를 시작할 수 있어요. 정신없이 바쁜 아침에도 최대한 빠르게 만들어 먹을 수 있는 레시피들을 모았습니다.

점심 외부 활동이 많은 점심에는 과하지 않은 탄수화물과 충분한 단백질로 남은 하루에 에너지와 생기를 불어넣어줄 한 그릇이 필요합니다. 특히 점심 시간에 외식의 유혹이 많은 직장인들의 요청이 쇄도했던 '다이어트 도시락' 레시피를 이 파트에 모두 담았어요. 전날이나 아침에 조금만 시간을 투자해 밖에서도 한 그릇 다이어트를 지속할 수 있도록 샌드위치와 주먹밥 종류를 다수 구성했어요. 요리 곰손도 쉽게 만들 수 있고, 누구나 가볍게 즐길 수 있으니 나들이 약속이 잡힌 주말에도 활용 만점입니다.

저녁 다이어트 기간 중 최대의 고비, 저녁 시간입니다. 낮에 탄수화물을 먹었으니 저녁에는 탄수화물을 최대한 줄였어요. 대신 풍부한 식이섬유와 단백질로 포만감은 높이고 칼로리는 최대한 낮춘 레시피로 구성했어요. 저녁에 무조건 굶는 것은 정말 추천하지 않아요. 오히려 폭식과 야식으로 이어질 가능성이 높답니다. 삼시 세끼를 규칙적인 시간에 챙겨 먹는 것이 한 그릇 다이어트의 핵심! 가볍지만 영양 가득한 한 그릇으로 따뜻하게 하루를 마무리해요.

• 중간중간 입이 심심할 때는 시즈닝 없는 견과류, 채소 스틱, 방울토마토, 무가당 요거트를 드세요.

- 견과류: 구운 아몬드 15개, 서리태콩 1줌
- 채소 스틱: 오이, 당근, 양배추, 비트, 셀러리

• 물은 하루에 반드시 2~3L 마셔요.

물을 많이 마셔야 빠른 체중 감량과 노폐물 배출에 확실한 효과가 있어요. 조금 귀찮더라도 다이어트 중에는 물을 마시고 화장실에 자주 가도록 해요.

• 냉장고에 있는 재료부터 활용해보세요.

냉장고에 이미 사둔 식재료들이 있다면 일단 그것부터 활용해서 만들어보세요. 처음부터 모든 재료를 다 구매하면 소진하기도 힘들고, 다이어트를 제대로 시작하기도 전에 지치기 때문이에요. 우선 손쉽게 구할 수 있는 재료들부터 차근차근 구입하면서 레시피를 내 것으로 만드세요. 점점 한 그릇 다이어트 레시피가 익숙해지고, 건강한 식습관이 몸에 익을 거예요.

대체 식재료 가이드

- 고구마: 단호박, 밤호박
- 배추김치: 알배추
- 콩나물: 숙주
- 아보카도: 브로콜리
- 닭가슴살: 참치캔, 연어캔, 소고기, 훈제연어, 오징어, 새우
- 케일: 양상추, 청상추, 버터헤드레터스, 깻잎
- 메추리알: 달걀
- 크림치즈: 요거트
- 시금치: 브로콜리, 케일

4

맛있고 든든해!
한 그릇 다이어트 베스트 재료 5

한 그릇 다이어트 레시피에서 가장 많이 활용하는 시그니처 식재료 5가지를 소개합니다.
아마 제 SNS를 오래 구독한 분들은 자주 봐서 반가울 거예요.
냉장고에 다른 것은 몰라도 이 5가지는 늘 떨어지지 않게 넉넉히 구비한답니다.
무슨 레시피부터 시작해야 할지 고민된다면 이 식재료부터 먼저 구입해보세요.
자주 질문받았던 구입처와 보관법도 함께 알려줄게요.

Signature 1

통밀빵

'한 그릇 다이어트 레시피' 하면 머릿속에 떠오르는 시그니처 메뉴, 오픈토스트와 속이 꽉 찬 샌드위치의 일등공신 재료입니다. 저의 다이어트 식단은 밥과 빵을 모두 먹을 수 있어 화제가 되었지요. 그 비결은 흰쌀밥 대신 현미밥, 일반 식빵 대신 통밀빵을 사용하는 것입니다. 다이어트 중에는 정제되지 않은 통곡물을 먹는 것이 좋다는 것, 알고 있나요? 그 이유는 몸 안에서 통곡물을 소화하는 데 더 많은 칼로리를 소비하기 때문입니다. 따라서 쌀이나 밀가루 같은 정제된 곡물은 소화가 빠르지만, 흡수도 빨라서 금방 살이 찌지요.
통밀빵은 그 효능이 대중적으로 알려지면서 찾는 사람도 많아졌어요. 대형 마트나 프랜차이즈 베이커리, 인터넷 쇼핑몰에서 쉽게 구입할 수 있어요. 남은 통밀빵은 비닐봉지 혹은 지퍼백에 소분해서 냉동 보관했다가 1봉지씩 꺼내 쓰면 편해요.

Signature 2

아보카도

다이어터들뿐만 아니라 전 세계가 주목하고 있는 세계 10대 슈퍼푸드 아보카도. 툭툭 썰어서 토스트 위에 올리면 근사한 플레이팅이 완성됩니다. 사진을 찍어 SNS에 올리기만 하면 폭풍 같은 '좋아요' 세례를 받고 있어요. 저 역시 아보카도의 매력에 푹 빠져 한 그릇 다이어트 레시피를 시작할 때부터 다양한 조합으로 선보이는 중입니다. 독자분들도 많이 좋아하고 기억해준 식재료예요. 효능도 탁월한 아보카도는 나트륨 배출, 혈관 건강, 피로 회복에 특히 도움이 됩니다.

대형 마트나 백화점, 온라인 쇼핑몰에서 구입할 수 있어요. 껍질은 거의 검은색에 가까운 진한 초록색이며 만졌을 때 살짝 말랑한 것이 잘 익은 아보카도입니다. 덜 익은 아보카도는 실온에서 후숙한 뒤 말랑해지면 사용해요. 잘 익은 아보카도는 랩에 씌워 냉장 보관하세요. 덜 익은 아보카도를 냉장 보관하면 갈변하므로 반드시 실온에서 후숙하세요.

아보카도 손질법

아보카도는 세로로 돌려가며 한 줄로 칼집을 낸다. 양손으로 아보카도를 잡고 비틀어 반으로 가른 뒤 칼로 씨를 제거한다. 껍질과 과육 사이에 숟가락을 넣어 속을 파낸다.

Signature 3

양배추

위가 좋지 않은 분들에게 꼭 권하고 싶은 다이어트 식재료입니다. 다이어트 중에 생길 수 있는 위장 질환을 예방하고 개선해줄 뿐만 아니라 관절 건강, 노화 방지, 체중 조절 등 다양한 효능을 가지고 있어요. 샐러드뿐만 아니라 볶음밥이나 쌈밥 등으로 무궁무진하게 활용할 수 있어요. 생으로 먹으면 아삭아삭한 식감을 즐길 수 있고, 익히면 단맛이 나요.

계절에 구애받지 않고 대형 마트, 시장, 온라인 쇼핑몰 등 어디서든 쉽게 구할 수 있다는 것도 양배추의 장점입니다. 보관 시에는 겉잎을 떼어내고 비닐봉지나 랩에 씌워 냉장 보관하세요.

Signature 4

닭가슴살

다이어트를 시작했다면 필연적으로 만나게 되는 그 이름, 닭가슴살. 이름만 보아도 벌써 고개를 젓는 분들이 있을지도 모르겠네요. 한 그릇 다이어트 레시피에 열광했던 분들 중 대부분은 이미 닭가슴살과 고구마에 질린 분들이 많았어요. 저 역시 그랬고요. 냉동실에 쌓여 있는 닭가슴살에 새 생명을 불어줄 다양한 한 그릇 다이어트 레시피를 개발한 덕분에 당당히 시그니처 재료로 등극했습니다.

닭의 부위 중 지방이 가장 적고 단백질이 매우 풍부한 닭가슴살은 대표적인 저지방 고단백 식품으로 다이어트에 필수인 식재료지요. 대형 마트, 온라인 쇼핑몰에서 구매할 수 있어요. 자주 먹어야 하니 생닭가슴살을 직접 삶는 것보다 100~200g씩 소포장된 완조리닭가슴살을 추천해요. 냉동 보관했다가 자연 해동해서 바로 먹거나 전자레인지에 1~2분간 데워 먹으면 간편해요. 특히 저염 닭가슴살을 추천하는데, 체중 감량을 빠르게 해줄 뿐만 아니라 다양한 요리에 활용하기 좋습니다.

Signature 5

훈제오리

훈제오리는 일단 맛있습니다. 게다가 보양식으로도 많이 먹지요. '이렇게 기름지고 맛있는 것을 먹으면서 살을 뺀다고?' 이런 의문이 들 수 있어요. 하지만 오리고기는 불포화지방산 함량이 높아 많은 양을 먹어도 체내 지방이 축적되지 않는 기특한 식재료예요. 동맥 경화, 고혈압 같은 혈관 질환에도 좋고 해독 작용도 합니다. 이런 좋은 식재료를 한 그릇 다이어트 레시피에 적극 활용하고 있어요. 내 입에 맛있어야 다이어트도 즐겁지요. 닭가슴살이 물릴 때 번갈아가면서 챙겨 먹으면 고비가 찾아올 틈도 없어요.

저는 보통 훈제오리를 대형 마트, 온라인 쇼핑몰에서 구입하고 있어요. 일반 시중에서 구입 가능한 훈제오리 1팩은 3~4인분 정도가 들어있기 때문에 비닐봉지에 소분한 뒤 밀폐용기에 담아 냉동 보관하는 것을 추천합니다.

5

지속 가능한 다이어트를 위한 마인드 세팅

꾸준히 식단대로 잘 해나가다가 불현듯 식욕이 폭발할 때가 있지요.
생리 전 주에는 잘 안 먹던 음식도 괜히 입맛 당기고, 한 그릇을 다 비웠는데도 참을 수 없이 배가 고프고요.
피할 수 없는 가족이나 친구들과의 외식, 여행 스케줄은 다이어트 중인 우리를 시험에 들게 합니다.
살다 보면 만나게 되는 여러 음식의 유혹 속에서도 중심을 지킬 수 있었던 마인드 관리법을 알려줄게요.

식욕 폭발

"가짜 식욕이 아닐까?"

1. 물을 1컵 먹기.
2. 단 것이 당길 때는 견과류, 방울토마토 먹기.
3. 정말 그 음식을 지금 꼭 먹어야 하는지 다시 한 번 생각해보기.
4. 입고 싶은 예쁜 옷 보기, 비키니 고르기, 친구들과 수다 떨기.

못 먹는 것 때문에 스트레스가 심하다면, 먹고 싶은 음식을 한 번 먹는 것도 괜찮아요. 스트레스는 다이어트 최대의 적! 대신 잘 먹은 한 끼 이후 빠르게 복귀하는 것이 중요해요. 12시간 공복을 유지한 뒤 한 그릇 다이어트 식단으로 다시 돌아오면 문제없답니다. 다이어트를 하는 이유는 우리가 더 건강하고 행복해지기 위해서임을 잊지 마세요.

외식할 때

"배가 부르면 숟가락을 내려놓자!"

1. 배가 터질 때까지 먹지 않기.
2. 식전에 물 1잔 꼭 마시기.
3. 천천히 적당하게 먹기로 마음먹기.
4. 입안에서 천천히 다 씹은 뒤 삼키기.
5. 배가 고프면 메인 메뉴 대신 채소를 더 추가하기.

여행 중

"일단 가서는 마음껏 잘 먹자! 대신…"

1. 물 2~3L 반드시 챙겨 마시기.
2. 자기 전이나 아침에 꼭 15분 이상 스트레칭하기.
3. 관광지 주변을 최대한 많이 걷고 움직이기.

6

한 그릇 다이어트 부스터 운동법

이왕 시작한 다이어트, 더 확실하고 빠르게 빼고 싶지요. 한 그릇 레시피로 하는 식단 관리로도 충분히 살을 뺄 수 있지만, 함께했더니 감량 속도에 부스터를 달았던 폭풍 감량 맨몸운동을 소개합니다. 실제로 제가 하는 운동 중에서 가장 효과가 좋은 운동만 골랐어요. 기구 없이 집에서도 매일 꾸준히 할 수 있습니다.

공복 유산소 운동

공복 상태에서는 탄수화물이 아닌 지방이 에너지원으로 사용돼요. 같은 운동을 하더라도 아침에 하는 공복 유산소 운동은 지방만을 빠르게 태울 수 있어요. 제가 자주 하는 대표적인 유산소 운동에는 빨리 걷기, 달리기가 있어요. 집에 실내자전거나 스텝퍼가 있다면 기상 직후 20~30분만 투자해보세요. 어떤 운동보다 확실한 효과를 느낄 수 있을 거예요. 기구가 없다면 계단 오르내리기도 추천합니다. 빠른 체중 감량에는 유산소 운동이 필수라는 점! 잊지 마세요.

플랭크

근육 강화, 자세 교정, 코어 강화 등 짧은 시간 안에 전신의 지방을 태우는 데 플랭크만큼 좋은 운동이 없습니다. 버티는 시간보다 올바른 자세가 매우 중요해요. 처음에는 10초만 해도 몸이 부들부들 떨리고 버티기 어렵지만 하다 보면 적응이 되어 꾸준히 할 수 있어요. 점차 시간을 늘려가며 매일 10초~1분씩 3회 정도 실시하는 것을 추천해요. 하고 나면 코어가 똑바로 세워지는 느낌이 들 거예요.

매트를 깔고 팔꿈치가 어깨와 수직이 되도록 엎드려요. 이때 머리부터 목, 허리, 발꿈치까지 곧게 일직선을 유지하며 허리가 휘거나 엉덩이가 위로 솟지 않도록 합니다. 팔과 발끝으로 바닥을 강하게 누르며 10초 이상 버팁니다.

스쿼트

허벅지를 포함한 다리 근육을 만드는 데 도움이 될 뿐만 아니라 힙업에도 효과가 확실한 운동이에요. 허벅지 뒤쪽과 엉덩이 근육에 많은 자극을 주어 여성호르몬 분비도 활발해지므로 여성분들에게 특히 좋은 운동입니다. 다만 무릎에 체중이 과하게 실리지 않고, 허리가 항상 곧게 펴져 있도록 바른 자세에 유념해야 해요. 스쿼트를 꾸준히 하면 체형이 예쁘게 만들어지니 강력 추천합니다.

다리를 골반 너비 정도로 벌린 뒤 의자에 앉는 느낌으로 엉덩이를 뒤로 빼면서 천천히 앉았다 일어섭니다. 이때 무릎이 발가락보다 앞으로 나가지 않도록 주의합니다. 턱을 살짝 들어 등이 굽지 않도록, 허리는 45도 각도로 곧게 뻗은 상태를 유지하세요. 복부에도 계속 힘을 주어 긴장 상태를 만들면 운동 효과가 2배가 됩니다. 시선은 너무 높지 않게, 엉덩이가 지면과 최대한 가까워지게 깊이 앉도록 노력하며 15회씩 3세트를 실시합니다.

인스타그램에서 가장 궁금해하는 Q&A

출간 전 인스타그램 이벤트로 "한 그릇 다이어트 Q&A"를 진행했어요. 단 하루 동안이었지만 뜨거운 참여로 댓글 폭주 사태가 일어나기도 했답니다. 애정 어린 질문과 응원에 감사드리며 가장 많이 물어온 질문들을 어렵게 골랐어요. 모두의 다이어트 결심이 이루어지기를 진심으로 바랍니다. 끝까지 성공할 수 있도록 계속 도와줄게요.

Q1

생리 중일 때, 우울할 때, 무기력할 때, 일반식을 배 터지게 먹고 싶은데 정체기가 와서 굶고 싶을 때 등등 몸 망치는 생각이 들면 어떻게 극복했는지 궁금해요. 명상이나 스트레칭도 중요하지만 희정 님만의 비법이 있을 것 같아요! (@lovely_yeong0820)

내 몸이 필요로 하기 때문에 갑자기 당기는 음식도 생기는 거라고 생각해요. 그래서 생리 기간에는 먹고 싶은 것을 어느 정도 먹어요. 조금 많이 먹었다 싶으면 꼭 운동을 하려고 노력하고요.
기분이 유독 우울하거나 마음 정리가 안 되는 날이면 편한 옷과 레깅스를 입고 밖으로 나갑니다. 혼자 공원을 산책하거나 사람이 잘 없는 조용한 곳으로 가서 걷고 몸을 움직여요. 이런 기분일수록 침대 속에 파묻혀 있고만 싶지요? 저도 해봤는데 몸도 마음도 더 퍼지고 가라앉을 뿐이더라고요. 아무것도 하고 싶지 않은 무기력한 상태라면 툭툭 털어낸다는 마음으로 일어나서 샤워부터 해보세요. 내 기분에 내가 지배되지 않고 감정을 스스로 다스릴 수 있도록 저 역시 꾸준히 노력하는 중입니다. 지금까지 잘해왔어요. 조금 주춤한다고 몰아붙이지 말아요. 나 자신을 기특하게 여기고 소중히 돌보세요.

Q2

요리를 마치면 자투리 채소들이 꽤 남더라고요. 대부분은 볶음밥으로 소비하거나 버리게 되던데 다르게 활용할 수 있는 레시피가 있을까요? (@_mina_holic_)

저는 자투리 채소들이 많이 남으면 전부 모아서 칼로 잘게 다진 뒤 비닐봉지에 소분해서 냉동실에 보관해요. 한 그릇 다이어트 레시피에 자주 등장하는 볶음밥 종류를 만들 때 하나씩 꺼내서 사용하면 편하고 좋아요. 달걀물에 넣어 달걀말이로 활용해도 좋고요. 닭가슴살과 같이 다져서 닭가슴살볼이나 패티로 만들 수도 있어요. 주스로 만들 수 있는 채소라면 갈아서 먹어보세요.
잘게 다지지 않고 같은 크기로 길게 썰어 한 달에 한 번 월남쌈 타임을 가져보는 것은 어떨까요? 맛도 좋지만 여러 사람과 함께 즐길 수 있어 금상첨화예요.

Q3

약속이나 데이트, 여행처럼 피할 수 없는 외식 상황에서의 식단 조절 꿀팁이 궁금합니다! (@ddolmang_bear)

저는 약속이 생기거나 여행을 갔을 때는 가리지 않고 골고루 잘 먹는 편이에요. 누군가와의 약속이나 데이트, 여행 모두 내 인생에서 다시 없을 소중한 순간이고 즐거워야 한다고 생각해요. 우리가 다이어트를 하는 이유 중 하나는 이런 순간들을 더 행복하게 즐기기 위함이잖아요?
마음 편히 잘 먹고 즐겁게 시간을 보낸 뒤, 일상으로 복귀해 다시 열심히 관리합니다. 온오프는 칼같이 잘 지켜야 해요. 다이어트 초반이나, 중요한 일을 앞두고 타이트하게 감량을 해야 하는 상황이라면 약속 장소를 샐러드 카페나 채식 요리를 먹을 수 있는 곳으로 잡아요. 일반식을 해야 한다면 밥 양을 줄이고 되도록 채소나 짜지 않은 반찬 위주로 먹어요. 음식을 최대한 천천히 음미하면서, 꼭꼭 씹어 먹는 것도 중요해요. 여행지에서는 관광지 주변을 많이 돌아다니면서 외부 활동을 다양하게 즐기는 편입니다.

Q4

한 그릇에 탄수화물, 단백질, 지방이 어떤 비율로 들어가야 적당한지 궁금해요! 특히 과일과 구황작물을 함께 먹을 땐 탄수화물이 많이 올라갈 것 같아서 양 조절이 어려워요. (@diet_a.r)

제가 한 그릇을 구성할 때 참고하는 비율은 탄수화물 40%, 단백질 40%, 지방 20%입니다. 이 정도가 보편적인 여성분들에게 적절하다고 생각해요. 더 타이트하게 감량하고 싶다면 여기서 탄수화물을 10~20%로 줄이고, 단백질을 더 늘리면 됩니다. 다만 사람마다 각자 가지고 있는 체형과 체질이 다르기 때문에 나에게 맞는 정확한 양은 전문가를 통해 알아보는 것이 가장 확실한 방법이에요.

Q5

책에 나온 레시피 분량은 한 끼 분량인가요? (@libe4362)

책에 있는 레시피는 모두 한 끼에 먹는 1인분 양이에요. 너무 많다고 느껴지면 양을 조금 줄여도 상관없습니다. 기본적으로 하루 한 그릇으로만 세 끼를 챙겨 먹고도 허기지지 않고 든든할 수 있도록 구성했어요. 너무 적게 먹으면 허기져서 군것질을 하게 되니 제때 균형 잡힌 한 그릇 식사가 중요합니다. 남성분들의 경우 양을 조금 늘려서 만들어도 괜찮아요.

Q6

다이어트 중 하루에 커피는 어떤 종류를 얼마나 드시는지 궁금합니다! (@angelina.oh)

커피는 하루에 2잔 정도 마시고 있어요. 시럽을 넣지 않은 아메리카노를 마십니다. 운동 전에 아메리카노를 마시면 지방이 어느 정도 감소되는 효과도 있으니 참고하세요.

Q7

저는 혼자 사는 자취 다이어터입니다. 다이어트 식단을 시작하려고 채소 같은 재료를 사면 너무 빨리 상하고 시들어서 못 먹고 버리게 되는 경우가 많더라고요. 식재료 보관 팁이나 장을 볼 때 노하우를 알 수 있을까요? (@chez__jinnni)

양상추, 청상추, 케일 등의 쌈채소와 샐러드채소는 빨리 무르기 때문에 구입 후 바로 흐르는 물에 씻은 뒤 체에 밭치거나 키친타월에 올려 물기를 전부 제거해두는 것이 좋습니다. 이렇게 해두면 채소가 무르는 것을 최대한 방지할 수 있어요. 채소나 과일은 조금 번거롭더라도 신선한 식재료를 그때그때 구입하는 것이 가장 좋습니다.

요리하고 남은 채소들은 밀폐 용기에 키친타월을 깐 뒤 담아 보관하길 추천해요. 장을 볼 때는 채소 표면에 상처가 없는지, 무르지 않고 단단한지, 꼭지 부분이 상하지 않았는지 유심히 살핀 뒤 구입하세요.

Q8

책에 나온 식재료나 용기들을 가급적 한 번에 구매할 수 있는 곳 없을까요? (@rae_house)

저는 식재료를 전부 집 근처 대형 마트에서 구입하고 있어요. 인터넷으로도 종종 구매하는데, 이제 대형 마트에서도 웬만한 재료들은 거의 다 살 수 있더라고요.

도시락 용기는 무인양품이나 락앤락 브랜드의 제품을 애용해요. 평소 주스를 담는 공병 문의도 참 많았어요. 스파우트파우치, 샐러드파우치, 음료 공병을 인터넷에 검색하면 다양한 종류와 모양이 나와 있어요. 저도 매번 인터넷에서 '주스 공병', '음료 공병', '스파우트파우치'를 검색해서 산답니다. 책에 실제로 나온 공병들은 전부 마레다에서 구입했어요.

* 마레다 http://mareda.co.kr

Q9

저는 밤 10시에 퇴근을 합니다. 그래서인지 6~7시쯤 저녁을 먹어도 퇴근 후 집에만 가면 배가 너무 고파요. 그 시간에 먹으면 안 된다는 것을 알지만 배가 너무 고파서 잠들기 힘들 정도예요. 혹시 밤 늦은 시간에 야식으로 간단하게 먹을 수 있는 레시피가 있을까요? (@cherry.cok)

잠들기 1~2시간 전에는 음식 섭취를 최대한 피하는 것이 좋아요. 하지만 사정이 생겨 밤 늦은 시간에 챙겨 먹어야 한다면 '단호박닭가슴살에그슬럿(190p)'을 추천합니다. 익힌 단호박을 볼에 으깨어 담고, 그 위에 슬라이스 치즈 1장, 달걀 1개를 깨트려 넣은 뒤 전자레인지에서 3분간 익히면 끝이에요. 퇴근하고 와서 손 하나 까딱하기 힘든 하루 끝에 뚝딱 만들기도 좋죠. 속이 따끈따끈해서 잠도 잘 온답니다. 책에서는 단호박을 사용했지만 고구마로 대체해도 좋아요.

Q10

직장에서 점심을 일반식으로 먹을 때 아침, 저녁만 따라해도 괜찮을까요? 한 끼 정도만 일반식으로 먹었을 때 아침, 저녁 식단을 어떻게 하는 게 좋을까요? (@jjbyj27)

직장인분들은 그렇게만 해도 너무 잘 하는 거예요. 갑자기 극단적으로 제한하지 않고 하루 한 끼는 일반식을 먹으면서 추가로 운동까지 하시면 더욱 건강한 다이어트를 할 수 있어요. 일과 건강 두 마리 토끼를 모두 잡길 응원합니다! 지구력도 좋아져서 일도 술술 잘 풀릴 거예요.

heejung__
heejung__
heejung__
heejung__

8

이 책에서 사용한 계량법

한 그릇 다이어트 레시피의 장점은 너무 적지도, 많지도 않을 만큼 딱 적당한 포만감을 느낄 수 있도록 양을 맞춘 것이에요. 따라서 레시피에 표기된 정량을 지킨다면 최상의 맛과 효과를 볼 수 있을 거예요. 집에 있는 밥숟가락을 기준으로 하여 누구나 손쉽게 따라 만들 수 있도록 했어요.

손대중 계량

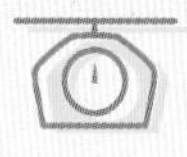

시금치 1줌

어린잎채소 1줌

느타리버섯 1줌

견과류 1줌

가루 계량

1큰술

1/2큰술

1/3큰술

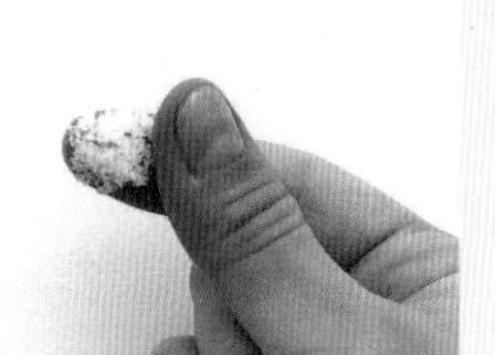

1꼬집

액체 계량

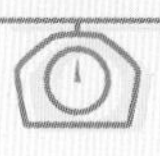

1큰술

1/2큰술

1/3큰술

장류 계량

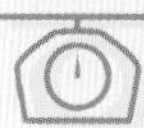

1큰술

1/2큰술

1/3큰술

9

샌드위치 랩핑 가이드

한 그릇 다이어트 레시피를 매번 따라해 먹고 있어요. 완전 맛있어요! 근데 랩핑만 거의 여섯 번씩 하는 것 같아요. 랩핑 초보에겐 너무 어려운 것! 어떻게 하는지 자세히 알려주세요! (@elly.sss)

한 그릇 다이어트 레시피의 꽃, 각종 건강한 재료들로 속이 꽉 찬 샌드위치! 군침 도는 비주얼은 물론이고 절반만 먹어도 엄청난 포만감을 자랑하죠. 많은 분들이 사랑해준 베스트 레시피인 만큼 포장법도 중요합니다. 랩핑을 잘 해야 반으로 잘랐을 때나 먹을 때 재료들이 흩어지지 않아요.

그런데 평소 SNS로 샌드위치 랩핑에 어려움을 호소하는 분들이 정말 많았어요. 그래서 따로 가이드를 준비했습니다. 저는 세 번까지 랩핑하는 편이에요. 안에 있는 공기를 최대한 뺀다는 느낌으로 천천히 눌러가며 감싸는 것이 포인트입니다. 진공 압축을 손으로 한다고 생각하면 쉬워요! 대신 너무 세게 누르면 속재료가 상하니 여러 번 해보면서 감을 익히는 것이 좋습니다.

HOW TO MAKE

1

도마에 랩을 지름 40cm 정도로 잘라서 깔고 재료들을 순서대로 올린 뒤 랩으로 잘 고정시켜 감싼다.

2

도마에 다시 랩을 깔고 샌드위치를 오른쪽으로 90도 돌린 뒤 안에 있는 공기를 빼듯 살짝 눌러가며 감싼다.

3

도마에 한 번 더 랩을 깔고 샌드위치를 처음 방향으로 돌린 뒤 안에 있는 공기를 최대한 뺀다는 느낌으로 눌러가며 감싼다.

고마워요 한 그릇! SNS 리얼 후기

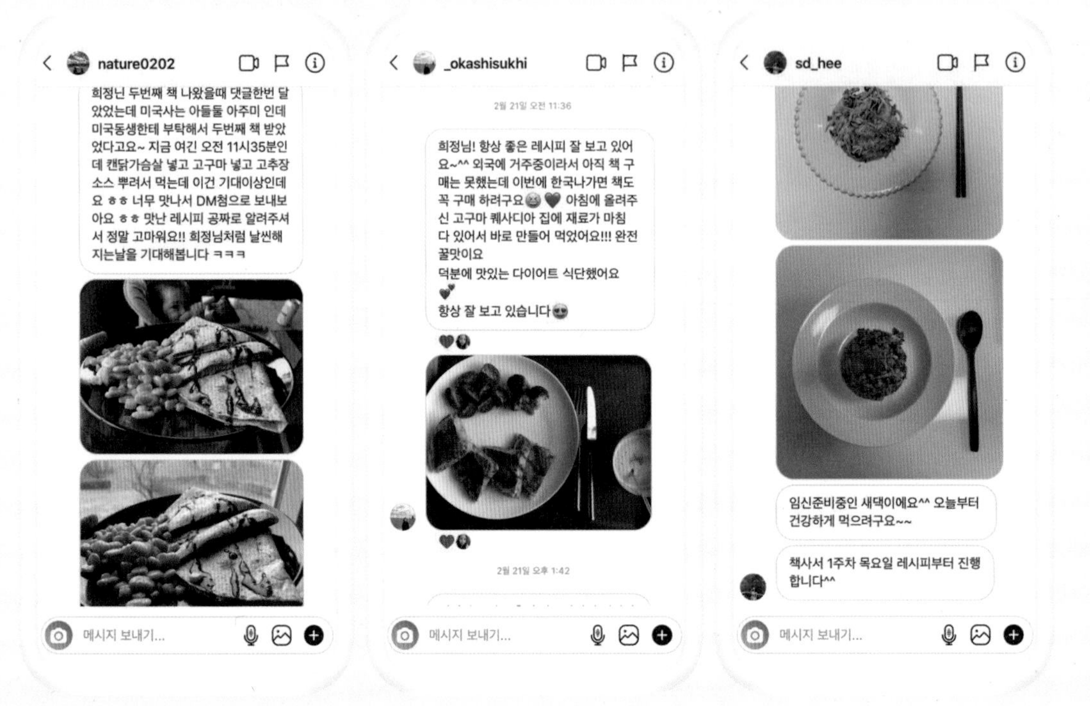

게시물
좋아요 137개
vio___oiv .
.
.
한끼를 먹어도 든든하게
통밀또띠아 찾아 산만리 (마트 5곳 돌아다니다 구함)
우유또띠아는 칼로리가 높아 꼭 찾고 싶었던 통밀또띠아
다이어트식단의 최고 (@heejung___)님이 올려주신
크래미통밀또띠아롤 벤치마킹하여 귀식당에서 짜잔
올려주신 레시피를 열심히 보면서 재료 준비해뒀다가
아침에 일어나서 돌돌 말아서 이쁘게 컷팅해주면 끝
다이어트에 좋은 통밀또띠아에 크래미랑 야채 듬뿍 넣으면
한끼식사로 최고인듯:) 맛있는 걸로 식단조절해서 그런지 운동도 더 열심히
사진
좋아요 120개
vio___oiv .
.
.
한끼를 먹어도 든든하게
결혼식 다녀와서 이른 저녁겸간식으로 피자만들기
오늘도 역시나 인스타그램 @heejung___ 님 레시피 참고하여
단호박으로 저칼로리 떠먹는 피자 만들기 성공:)
희정님 다이어트 식단 따라하기 3탄도 완벽하게 재현했다:)
따라 만들 건강식 레시피가 너무 많아서 아직 부족하다! 더 노력해야지 ㅋㅋ
단호박 익혀 으깨서 피자 도우로 만들고, 그 위에 토마토소스 발라
양파, 크래미, 올리브, 피자치즈 올려 오븐에 15분 구워주면 끝
사진
happy__sugar님 외 129명이 좋아합니다
vio___oiv .
.
.
한끼를 먹어도 든든하게
저녁운동 후 식단조절로 잘 안먹게 되어 든든한 아침이 필요했는데
운동 끝나고 낮에 봐두었던 닭가슴살볼 만들기!! 나름 금손
인스타그램 @heejung___ 님 레시피 참고하여
파, 버섯, 당근, 청량고추, 닭가슴살 다져서 만든 요리
팬에 굽지 않고, 찜기에 9-10분정도 쪄주면 끝:)
재료를 좀 더 다져서 만들어야 했는데, 조금 큰 거 같다
그래도 식감은 되게 좋은 거 같아서 일단은 성공!!!
luv_aarooong
1월 11일 오후 5:23
안녕하세요 희정님 :)
평소 인스타 올리시는 거 잘 보고 많은 정보를 얻기도 해요.
제가 갑작스럽게 연락을 드린 이유는 희정님 책과 피드에 올린 글을 보며 많은 도움을 받아서 감사 인사드려요
핑계일 수도 있지만, 대학생이라 학기 중에는 공부만으로도 벅차다 생각이 되어 방학 때 만이라도 건강해지자는 생각으로 운동과 식단을 조절하고 있어요.
지난 여름에는 희정님 레시피와 운동 함께한 덕분에 5킬로나 감량했어요!
지금도 다시 운동 시작한지 이틀 되었는데 희정님 레시피 덕분에 배고픔도 느껴지지 않고 그로 인해 폭식도 안 할 수 있는 것 같아요.
항상 좋은 레시피 알려주시고, 긍정의 힘을 주셔서 감사합니다
메시지 보내기...
luv_aarooong
메시지 보내기...
luv_aarooong
메시지 보내기...

Good Morning!

하루를 든든하게 시작하는

아침 한 그릇

다이어트를 할 때 탄수화물 제한으로 힘들어하는 분들이 많지요. 극단적인 탄수화물 금식은 다이어트 최대의 적인 스트레스를 심하게 할 뿐더러 요요 현상의 주요한 원인이 되기도 합니다. 한 그릇 다이어트 레시피는 탄수화물을 무조건 제한하지 않아 다이어트 부작용이 덜하다는 후기가 많았어요.
하루의 컨디션을 결정하는 아침은 두뇌 회전을 도와주는 탄수화물을 안심하고 맛있게 먹을 수 있는 골든타임입니다. 대신 다이어트 중이니 질 좋은 탄수화물을 적당량만 섭취해야 해요. 바쁘고 정신없는 아침에 간단하게 해 먹기 좋은 메뉴들을 엄선해 구성했어요. 그날그날의 냉장고 사정에 맞게 레시피를 골라서 만들어보세요. 든든한 한 그릇으로 오늘 아침을 상큼하게 시작해볼까요?

과일오픈샌드위치

READY

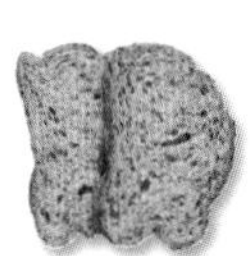					
통밀빵 2장	바나나 1개	사과 1/2개(70g)	저지방 크림치즈 2큰술	시나몬가루 1꼬집	견과류 약간

비타민과 무기질이 가득! 부드럽고 달콤하게 하루를 시작해요

HOW TO MAKE

1 달군 팬에 통밀빵을 넣어 앞뒤로 굽는다.

2 사과는 껍질째 얇게 썬다. 바나나는 껍질을 벗긴 뒤 1.5cm 두께로 썬다.

3 구운 통밀빵에 저지방 크림치즈를 얇게 펴 바른다.

4 슬라이스한 사과와 바나나를 통밀빵 위에 가지런히 올린다.

5 사과 위에는 견과류, 바나나 위에는 시나몬가루를 뿌린다.

TIP 시나몬가루는 전체에 다 뿌려도 좋아요. 사과나 바나나 대신 제철 과일이라면 어떤 것을 올려도 좋답니다.

브로콜리닭가슴살주먹밥

READY

현미밥
2/3공기(130g)

완조리닭가슴살
1쪽(100g)

브로콜리
1/4개(50g)

당근
1/10개(20g)

참기름
1큰술

올리브유
1/2큰술

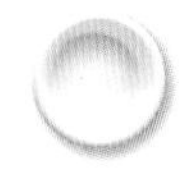
소금
1/2큰술

통깨
1/2큰술

HOW TO MAKE

1 브로콜리는 한입 크기로 자른 뒤 소금을 넣은 끓는 물에 넣어 10초간 데친다. 데친 브로콜리는 건져내 찬물로 헹구어 식힌 뒤 체에 밭쳐 물기를 뺀다.

2 브로콜리와 당근, 닭가슴살은 잘게 다진다.

3 팬에 올리브유를 두르고 당근을 넣어 센 불에서 살짝 볶는다.

4 볼에 현미밥과 브로콜리, 당근, 닭가슴살, 참기름, 소금, 통깨를 넣고 골고루 섞는다.

5 양념한 밥을 한입 크기가 되도록 뭉쳐 주먹밥을 완성한다.

TIP 주먹밥에 들어가는 모든 재료는 최대한 잘게 다져야 한입 크기로 잘 뭉쳐져요.

당근달걀둥지토스트

READY

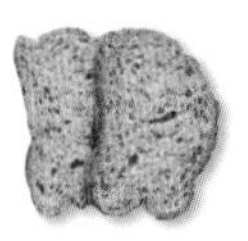
통밀빵
2장

달걀
2개

당근
1/3개(50g)

방울토마토
3알

올리브유
1큰술

소금
2꼬집

크러쉬드레드페퍼홀
약간

부드러운 당근과 달걀로 속을 편하게!

HOW TO MAKE

1 달군 팬에 통밀빵을 넣고 앞뒤로 굽는다.

2 당근은 길게 채 썬다.

3 작은 접시에 달걀을 깨트려 담는다.

4 팬에 올리브유를 두르고 당근을 넣어 센 불에서 볶는다. 숨이 죽으면 가운데를 비워두고 동그랗게 모양을 내 당근둥지를 만든다.

5 달걀을 당근둥지 안에 조심스레 담고 소금을 뿌려 반숙으로 익힌다.

6 구운 통밀빵 위에 당근달걀둥지를 올리고 크러쉬드레드페퍼홀을 뿌린다. 방울토마토를 곁들인다.

TIP 당근을 채 썰 때는 채칼을 이용하시면 편해요.

아보카도낫또덮밥

READY

현미밥
2/3공기(130g)

낫또
1팩(50g)

달걀
1개

아보카도
1/2개(100g)

올리브유
1/2큰술

참기름
1/2큰술

간장
1/2큰술

통깨
약간

아보카도와 낫또의 담백한 맛이 식욕을 억제해줘요

HOW TO MAKE

1 아보카도는 반으로 잘라 씨와 껍질을 제거한 뒤 칼끝으로 얇게 슬라이스하고 길게 겹쳐 펼친다.

2 낫또를 젓가락으로 잘 휘저은 뒤 낫또팩 안에 든 간장, 겨자 소스를 넣어 버무린다.

3 작은 팬에 올리브유를 두르고 달걀을 넣어 반숙으로 프라이한다.

4 볼에 현미밥을 담고 아보카도와 달걀프라이, 낫또를 올린 뒤 통깨를 뿌린다. 참기름과 간장을 곁들인다.

TIP 아보카도를 밥 위에 올릴 때 칼의 옆면으로 한 번에 들어 옮겨야 모양이 흐트러지지 않아요. 낫또팩 안에 들어 있는 간장, 겨자 소스는 넣지 않아도 괜찮답니다.

요거트롤샌드위치

READY

통밀식빵
2장

딸기
4개

바나나
1개(150g)

플레인 요거트
2큰술

HOW TO MAKE

1 딸기는 꼭지를 떼고, 바나나는 껍질을 벗긴다.

2 통밀식빵은 칼로 테두리를 자른다.

3 통밀식빵을 병이나 밀대로 밀어 얇게 편다.

4 통밀식빵에 플레인 요거트를 얇게 펴 바른 뒤 딸기와 바나나를 올리고 통밀식빵 크기에 맞춰 끝부분을 자른다.

5 통밀식빵을 끝에서부터 돌돌 말아 랩으로 감싼 뒤 랩의 끝부분은 사탕처럼 비틀어 모양을 잡는다.

6 한입 크기로 썬 뒤 접시에 담는다.

TIP 남은 플레인 요거트를 소스처럼 찍어 먹으면 더 맛있어요.
빵이 자꾸 찢어진다면 다시 랩으로 감싼 뒤 조금 두었다가 썰어보세요. 그 사이에 수분이 생겨 잘 뭉쳐진답니다.

양배추김밥

READY

김밥 김
1장

현미밥
2/3공기(130g)

닭가슴살햄
4장

양배추
6장(150g)

케일
4장

참기름
1큰술

소금
1큰술

통깨
3꼬집

콜레스테롤을 낮추는 케일로 모닝 혈관 청소!

HOW TO MAKE

1 양배추는 채 썰고, 닭가슴살햄은 뜨거운 물에 넣어 살짝 데친 뒤 키친 타월에 올려 물기를 제거한다.

2 볼에 양배추를 담고 소금 2/3큰술을 뿌린 뒤 잘 섞어 10분간 절인다.

3 절인 양배추는 흐르는 물에 헹구고 손으로 꽉 짜서 물기를 제거한다.

4 볼에 현미밥을 담은 뒤 참기름, 소금 1/3큰술, 통깨 2꼬집을 넣고 골고루 섞는다.

5 김발 위에 김밥 김을 펼치고, 양념한 밥을 얇게 펴 올린다. 케일과 닭가슴살햄, 절인 양배추를 차례대로 올린 뒤 돌돌 말아 감싼다.

6 김밥을 한입 크기로 썰어 접시에 담고 통깨 1꼬집을 뿌린다.

TIP 케일 대신 다른 쌈채소를 이용해도 좋아요.

닭가슴살소시지핫도그

READY

통밀빵
1개

닭가슴살소시지
1개

달걀
1개

슬라이스 치즈
1장

청상추
4장(40g)

오이
1/4개(20g)

방울토마토
5개

딸기
4개

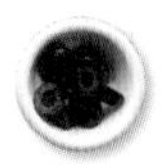

블랙올리브
3알

올리브유
1/2큰술

스리라차소스
1/2큰술

이렇게 맛있어도 되나 싶을 만큼 꿀맛이에요

HOW TO MAKE

1 달군 팬에 반으로 가른 통밀빵을 넣고 앞뒤로 굽는다.

2 닭가슴살소시지는 지그재그로 칼집을 낸다. 팬에 올리브유를 두르고 닭가슴살소시지를 넣어 굴리며 골고루 익힌다.

3 냄비에 물을 붓고 달걀을 넣은 뒤 한쪽 방향으로 저으며 센 불에서 10분간 삶는다.

4 오이는 동그란 모양으로 얇게 슬라이스한다.

5 삶은 달걀은 껍질을 벗기고 에그 슬라이서로 동그란 모양을 살려 자른다.

6 구운 통밀빵에 슬라이스 치즈와 청상추, 닭가슴살소시지를 올리고 닭가슴살소시지 양옆으로 삶은 달걀, 오이, 블랙올리브를 올린다.

7 스리라차소스를 뿌리고 딸기와 방울토마토를 곁들인다.

TIP 완성한 핫도그는 랩으로 감싼 뒤 반으로 자르면 훨씬 먹기 편해요.

감자콩나물밥

READY

현미밥	달걀	콩나물	쪽파	감자	참기름	간장	올리브유	고춧가루	통깨
2/3공기(130g)	1개	1/2봉지(100g)	1줄기	1개(100g)	1큰술	1큰술	1/2큰술	1/2큰술	약간

감자로 열량은 낮추고 포만감은 더욱더 높게!

HOW TO MAKE

1 감자는 필러로 껍질을 벗기고 한입 크기로 깍둑 썬다. 쪽파는 잘게 다진다.

2 작은 볼에 참기름, 간장, 고춧가루를 넣고 섞어 양념장을 만든다.

3 내열 용기에 콩나물과 감자를 담고 랩을 씌워 구멍을 군데군데 낸 다음 전자레인지에 넣고 3분 30초간 익힌다.

4 팬에 올리브유를 두르고 달걀을 넣어 반숙으로 프라이한다.

5 접시에 현미밥을 담고 콩나물과 감자, 달걀프라이를 올린다. 쪽파와 통깨를 뿌리고 양념장을 곁들인다.

TIP 콩나물 대신 숙주로 대체해도 좋아요.

크래미소보로덮밥

READY

현미밥	크래미	달걀	아보카도	올리브유	간장	후춧가루	크러쉬드레드페퍼홀
2/3공기(130g)	5개	2개	1/2개(100g)	1큰술	1/2큰술	약간	약간

HOW TO MAKE

1 볼에 달걀을 깨트려 넣고 젓가락으로 골고루 섞어 달걀물을 만든다.

2 아보카도는 반으로 잘라 씨와 껍질을 제거한 뒤 깍둑 썰고, 크래미는 손으로 잘게 찢는다.

3 팬에 올리브유를 두르고 달걀물을 붓는다. 젓가락으로 흐트러뜨리면서 익혀 스크램블에그를 만든다.

4 납작한 접시에 현미밥을 얇게 펼쳐 담는다.

5 현미밥 위에 크래미, 아보카도, 스크램블에그를 올린다. 간장과 후춧가루, 크러쉬드레드페퍼홀을 살짝 뿌린다.

TIP 크래미에 어느 정도 간이 되어있기 때문에 양념장이 없어도 맛있어요.

방울토마토스트링치즈토스트

READY

통밀식빵
1장

스트링 치즈
1개

방울토마토
5개

토마토소스
1큰술

크러쉬드레드페퍼홀
약간

파슬리가루
약간

먹기 전에 사진부터 찍고 싶은 귀요미 저열량 토스트

HOW TO MAKE

1 방울토마토는 반으로 자르고 스트링 치즈는 동그란 모양을 살려 7~8조각으로 썬다.

2 통밀식빵에 토마토소스를 얇게 펴 바른다.

3 방울토마토와 스트링 치즈를 하나씩 교차해서 올린다.

4 통밀식빵을 190도로 예열된 오븐에 넣어 10분간 구운 뒤 접시에 담고, 크러쉬드레드페퍼홀과 파슬리가루를 뿌린다.

TIP 토마토소스는 토마토 함량 비율이 높은 것으로 구매하길 추천해요.

시금치스크램블에그주먹밥

READY

현미밥 2/3공기(130g)	달걀 2개	시금치 1줌(60g)	올리브유 1큰술	참기름 1큰술	통깨 1/2큰술	소금 2꼬집

시금치의 마그네슘 성분으로 변비와 빈혈에도 좋아요

1

2

3

5

6

7

HOW TO MAKE

1 시금치는 밑동을 잘라내고 한입 크기로 썬다.

2 볼에 달걀을 깨트려 넣고 젓가락으로 잘 섞어 달걀물을 만든다.

3 팬에 올리브유를 두르고 달걀물을 붓는다. 젓가락으로 흐트러뜨리면서 익히다가 시금치를 넣고 숨이 살짝 죽을 정도로 볶아 시금치스크램블에그를 만든다.

4 볼에 현미밥을 담은 뒤 참기름, 소금, 통깨를 넣고 골고루 섞는다.

5 양념한 밥을 한입 크기가 되도록 뭉쳐 주먹밥을 만든다.

6 도마 위에 정사각형 모양으로 자른 랩을 깔고 시금치스크램블에그와 주먹밥을 순서대로 올린다.

7 랩으로 주먹밥을 탱탱하게 감싸 동그랗게 모양을 잡는다. 먹기 직전 랩을 벗기고 접시에 담는다.

TIP 랩으로 쌀 때 공기가 들어가지 않게 탱탱하게 싸야 모양이 잘 잡혀요.

매콤훈제오리볶음밥

READY

- 현미밥 2/3공기(130g)
- 훈제오리 100g
- 청양고추 1개
- 빨강·노랑 파프리카 1/4개씩(60g)
- 대파 1/5대(20g)
- 어린잎채소 1줌(10g)
- 굴소스 1/2큰술
- 고춧가루 1/2큰술
- 후춧가루 약간

HOW TO MAKE

1 대파와 청양고추는 송송 썰고 훈제오리와 빨강·노랑 파프리카는 같은 크기로 잘게 다진다.
2 달군 팬에 훈제오리, 대파, 고춧가루, 후춧가루를 넣고 약한 불에서 기름이 살짝 나올 때까지 볶는다.
3 청양고추와 빨강·노랑 파프리카를 넣고 센 불에서 숨이 죽을 정도로 살짝 볶는다.
4 불을 줄인 뒤 현미밥과 굴소스를 넣고 잘 섞으며 볶는다.
5 접시에 옮겨 담고 어린잎채소를 곁들인다.

TIP 훈제오리의 기름기가 부담스럽다면 오리를 볶은 뒤 키친타월에 올려 기름기를 살짝 제거하고 만드세요.

아보카도낫또토스트

READY

통밀식빵
1장

낫또
1팩(50g)

슬라이스 치즈
1장

아보카도
1/2개(100g)

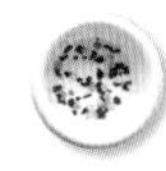

크러쉬드레드페퍼홀
약간

인스타그램 좋아요 폭발! 힙스터 아보카도와 낫또의 만남

HOW TO MAKE

1 달군 팬에 통밀식빵을 넣어 앞뒤로 굽는다.

2 낫또팩 안에 든 간장, 겨자는 제외하고 낫또만 젓가락으로 잘 휘젓는다.

3 아보카도는 반으로 잘라 씨와 껍질을 제거한 뒤 칼끝으로 얇게 슬라이스하고 손가락으로 톡톡 두드려 길게 겹쳐 펼친다.

4 펼쳐놓은 아보카도를 세워 둥근 원 모양으로 만든다.

5 구운 통밀식빵에 슬라이스 치즈를 올리고 그 위에 아보카도를 올린다. 가운데를 낫또로 채운다.

6 접시에 토스트를 옮겨 담고 크러쉬드레드페퍼홀을 뿌린다.

TIP 아보카도를 토스트 위로 옮길 때는 뒤집개를 이용해야 모양이 흐트러지지 않아요.

양배추참치덮밥

READY

							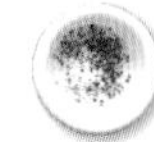 	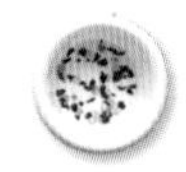
현미밥	참치캔	달걀	양배추	대파	올리브유	굴소스	후춧가루	크러쉬드레드페퍼홀
2/3공기(130g)	1개(100g)	1개	4장(100g)	1/5대(20g)	2큰술	1큰술	약간	약간

HOW TO MAKE

1 대파는 송송 썰고 양배추는 채 썬다. 참치는 체에 밭쳐 기름기를 제거한다.

2 팬에 올리브유 1큰술을 두르고 대파를 넣는다. 약한 불에서 파기름이 생길 때까지 볶는다.

3 양배추를 넣고 중약불에서 살짝 숨이 죽을 정도로 볶은 뒤 참치와 굴소스, 후춧가루를 넣고 잘 섞으며 볶아 양배추참치볶음을 만든다.

4 작은 팬에 올리브유 1큰술을 두르고 달걀을 넣어 반숙으로 프라이한다.

5 볼에 현미밥을 담고 양배추참치볶음과 달걀프라이를 올린 뒤 크러쉬드레드페퍼홀을 뿌린다.

TIP 양배추는 취향에 따라 살짝 두껍게 썰어 아삭한 식감을 즐겨도 좋답니다.

소고기버섯카레주먹밥

READY

현미밥
2/3공기(130g)

소고기(구이용)
100g

표고버섯
3송이(50g)

브로콜리
1/10개(20g)

빨강 파프리카
1/12개(20g)

어린잎채소
1줌(10g)

올리브유
1큰술

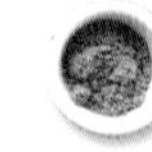
카레가루
1큰술

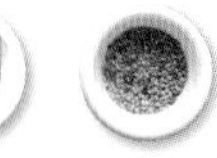
통깨
약간

카레의 강황 성분으로 다이어트 효과 UP!

HOW TO MAKE

1 소고기, 표고버섯, 빨강 파프리카, 브로콜리는 잘게 다진다.

2 팬에 올리브유를 두르고 소고기, 표고버섯, 빨강 파프리카, 브로콜리를 넣는다. 센 불에서 소고기가 익을 때까지 볶는다.

3 현미밥과 카레가루, 통깨를 넣고 약한 불에서 골고루 섞으며 볶는다.

4 양념한 밥을 한입 크기가 되도록 뭉쳐 주먹밥을 완성한다.

5 접시에 담고 어린잎채소를 곁들인다.

TIP 다진 소고기를 구입해서 사용해도 좋아요.

요거트사라다와 통밀빵

READY

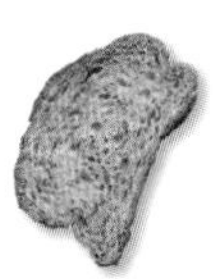
통밀빵
1장

메추리알
7개

빨강·노랑 파프리카
1/4개씩(60g)

오이
1/5개(30g)

사과
1/4개(30g)

플레인 요거트
1개(80g)

견과류
1줌(10g)

준비할 시간 없을 때 초간단 식사로 제격

HOW TO MAKE

1 냄비에 물을 붓고, 메추리알을 넣어 센 불에서 10분간 삶는다. 삶은 메추리알은 찬물에 담가 식힌 뒤 껍질을 벗긴다.

2 오이, 사과, 빨강·노랑 파프리카는 씨 부분을 제거한 뒤 한입 크기로 썬다.

3 큰 볼에 오이, 사과, 빨강·노랑 파프리카, 메추리알, 플레인 요거트를 넣고 골고루 섞어 요거트사라다를 만든다.

4 달군 팬에 통밀빵을 넣어 앞뒤로 굽는다. 요거트사라다를 접시에 옮겨 담고, 구운 통밀빵을 곁들인다.

5 견과류를 뿌리고 어린잎채소를 올린다.

TIP 메추리알 대신 달걀을 삶아 한입 크기로 잘라 넣어도 맛있어요.

부추참치비빔밥

READY

        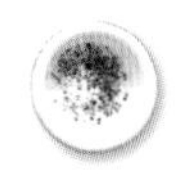

현미밥	참치캔	달걀	부추	참기름	간장	올리브유	통깨	후춧가루
2/3공기(130g)	1개(100g)	1개	5줄기(10g)	1큰술	1큰술	1/2큰술	약간	약간

밤에 꾹 참았다가 아침에 쓱쓱 비벼 먹으면 엄지 척!

HOW TO MAKE

1 참치는 체에 밭쳐 기름기를 제거한다.

2 작은 볼에 참기름, 간장, 통깨, 후춧가루를 넣고 잘 섞어 양념장을 만든다.

3 부추는 한입 크기로 썬다.

4 작은 팬에 올리브유를 두르고 달걀을 넣어 반숙으로 프라이한다.

5 큰 볼에 현미밥과 참치, 부추를 담고 밥 위에 달걀프라이를 올린다. 양념장을 곁들인다.

TIP 생 부추가 부담스럽다면, 살짝 데치거나 달걀과 함께 볶아서 먹어보세요.

양배추달걀볶음밥

READY

현미밥
2/3공기(130g)

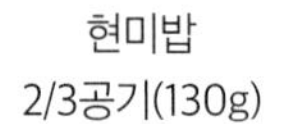

달걀
2개

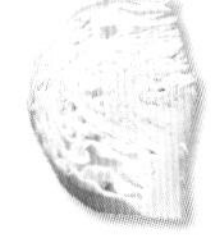
양배추
4장(100g)

대파
1/5대(20g)

당근
1/10개(20g)

방울토마토
1개

굴소스
1큰술

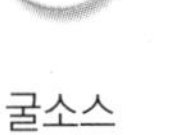

올리브유
1큰술

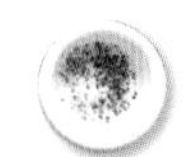
후춧가루
약간

포만감 높은 양배추 덕분에 온종일 든든해요

HOW TO MAKE

1 대파는 송송 썰고 당근과 양배추는 채 썬다.

2 볼에 달걀을 깨트려 넣고 젓가락으로 잘 섞어 달걀물을 만든다.

3 팬에 올리브유를 두르고 대파를 넣는다. 센 불에서 파기름이 생길 때까지 볶는다.

4 당근과 양배추를 넣고 센 불에서 채소가 살짝 숨이 죽을 정도로 볶은 뒤 한쪽으로 밀어둔다.

5 불을 약하게 줄이고 팬에 달걀물을 붓는다. 젓가락으로 흐트러뜨리면서 익혀 스크램블에그를 만들고 어느 정도 익으면 채소와 함께 볶는다.

6 현미밥과 굴소스, 후춧가루를 넣고 골고루 섞으며 볶은 뒤 접시에 담는다. 방울토마토를 곁들인다.

TIP 달걀 대신 크래미나 닭가슴살을 넣어 볶아도 별미예요.

훈제오리김치롤

READY

현미밥
2/3공기(130g)

훈제오리
100g

배추김치
3장

케일
4장

청양고추
2개

참기름
1큰술

통깨
1/2큰술

소금
1꼬집

아삭한 김치와 고소한 훈제오리로 입안에서 열리는 맛의 축제

HOW TO MAKE

1 배추김치는 흐르는 물에 씻어 양념을 제거한 뒤 손으로 꽉 짜서 물기를 뺀다.

2 청양고추는 반으로 갈라 씨를 제거하고 세로로 4등분해 자른다.

3 마른 팬에 훈제오리를 넣어 앞뒤로 노릇노릇하게 구운 뒤 키친타월에 올려 기름기를 제거한다.

4 큰 볼에 현미밥과 참기름, 소금, 통깨를 넣고 골고루 섞어 양념한다.

5 김발 위에 배추김치를 펼치고 케일과 현미밥, 청양고추, 훈제오리를 순서대로 겹쳐 올린다.

6 배추를 끝에서부터 돌돌 말아 감싼다.

7 한입 크기로 썰어 접시에 담고 통깨를 뿌린다.

TIP 배추김치 대신 알배추를 전자레인지에 넣고 3분간 익힌 뒤 한 김 식히고 물기를 제거해 사용해도 무방해요.

버섯토스트

READY

통밀식빵
1장

달걀
1개

슬라이스 치즈
1장

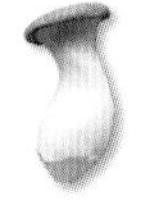

새송이버섯
1개(60g)

토마토소스
1큰술

올리브유
1/2큰술

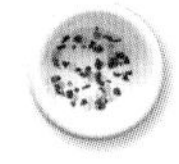

크러쉬드레드페퍼홀
약간

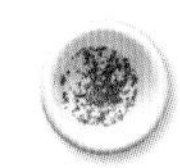

파슬리가루
약간

저열량 고영양의 대표주자 버섯을 활용한 일품 토스트

HOW TO MAKE

1 달군 팬에 통밀식빵을 넣어 앞뒤로 굽는다.

2 새송이버섯은 0.3cm 두께로 슬라이스한 뒤 달군 팬에 넣어 앞뒤로 굽는다.

3 작은 팬에 올리브유를 두르고 달걀을 넣어 반숙으로 프라이한다.

4 구운 통밀식빵에 토마토소스를 얇게 펴 바르고, 슬라이스 치즈와 새송이버섯, 달걀프라이를 차례대로 올린다.

5 크러쉬드레드페퍼홀과 파슬리가루를 뿌린다.

TIP 취향에 따라 다른 버섯을 넣어 만들어도 풍미가 예술이에요.

아보카도새우덮밥

READY

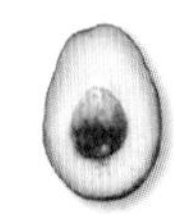

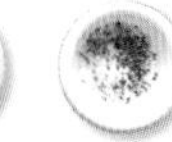

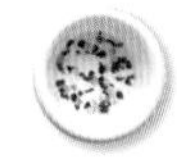

현미밥	자숙새우	달걀	아보카도	적양파	올리브유	간장	후춧가루	크러쉬드레드페퍼홀
2/3공기(130g)	10마리(50g)	1개	1/2개(100g)	1/10개(20g)	1큰술	1큰술	약간	약간

혈관 속 중성지방을 없애는 아보카도와 피로 해소에 좋은 새우의 만남

HOW TO MAKE

1 자숙새우는 찬물에 살짝 담가 해동한 뒤 키친타월에 올려 물기를 제거한다.

2 볼에 달걀을 깨트려 넣고 젓가락으로 잘 섞어 달걀물을 만든다.

3 적양파는 동그란 모양을 살려 얇게 채 썰고, 찬물에 10분간 담가 매운맛을 뺀 뒤 키친타월에 올려 물기를 제거한다.

4 팬 한쪽에 올리브유 1/2큰술을 두르고 자숙새우를 올린다. 후춧가루를 뿌려 앞뒤로 구운 뒤 한쪽으로 밀어둔다.

5 팬의 빈 공간에 올리브유 1/2큰술을 두르고 달걀물을 붓는다. 젓가락으로 흐트러뜨리면서 익혀 스크램블에그를 만든다.

6 아보카도는 껍질을 벗기고 얇게 슬라이스한 뒤 길게 겹쳐 펼친다.

7 볼에 현미밥을 담고 아보카도, 새우, 스크램블에그를 올린 뒤 가운데에 적양파를 올린다. 크러쉬드레드페퍼홀을 뿌리고 간장을 곁들인다.

TIP 새우를 청주나 맛술에 담가두면 풍미가 훨씬 좋아져요.

매콤참치시금치덮밥

READY

현미밥
2/3공기(130g)

참치캔
1개(100g)

달걀
1개

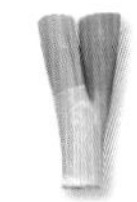
대파
1/5대(20g)

시금치
1줌(70g)

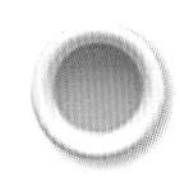
올리브유
2큰술

굴소스
1/2큰술

고춧가루
1/2큰술

체중 감량에 좋은 참치와 시금치의 감칠맛 퍼레이드

HOW TO MAKE

1 참치는 체에 밭쳐 기름기를 제거한다. 시금치는 밑동을 자르고 대파는 송송 썬다.

2 시금치는 한입 크기로 썬다.

3 팬에 올리브유를 두르고 대파와 고춧가루를 넣는다. 센 불에서 파기름이 생길 때까지 볶는다.

4 시금치와 참치, 굴소스를 넣고 시금치가 숨이 죽을 때까지 볶는다.

5 작은 팬에 올리브유를 두르고 달걀을 넣어 반숙으로 프라이한다.

6 접시에 현미밥과 볶은 재료들을 담고, 현미밥 위에 달걀프라이를 올린다.

TIP 파기름을 만들 때는 약한 불에서 볶아야 고춧가루가 타지 않아요.

닭가슴살돈부리

     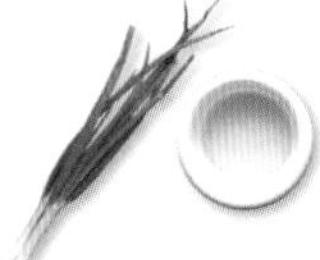     

현미밥	생닭가슴살	달걀	양파	대파	쪽파	물	굴소스	올리브유	간장	설탕	후춧가루
2/3공기(130g)	1쪽(100g)	1개	1/4개(30g)	1/10대(10g)	2줄기	5큰술	1/2큰술	1/2큰술	1/2큰술	1/2큰술	약간

닭가슴살에 질릴 틈조차 주지 않는 최고의 다이어트식

HOW TO MAKE

1 양파는 채 썰고 대파와 쪽파는 송송 썬다.

2 닭가슴살은 한입 크기로 썬다.

3 달걀을 작은 접시에 깨트려 넣고 젓가락으로 골고루 섞어 달걀물을 만든다.

4 작은 볼에 굴소스, 물, 간장, 설탕, 후춧가루를 넣고 잘 섞어 양념장을 만든다.

5 팬에 올리브유를 두르고 닭가슴살을 올려 겉이 노릇노릇해질 때까지 굽는다.

6 팬에 양념장과 양파, 대파를 함께 넣고 끓인다.

7 양념장이 끓어오르면 달걀물을 붓고 취향에 맞게 익혀 닭가슴살달걀볶음을 만든다.

8 접시에 현미밥을 담고 닭가슴살달걀볶음을 부은 뒤 쪽파를 뿌린다.

TIP 생닭가슴살 대신 완조리닭가슴살을 이용하면 조리 시간이 단축돼요.

양배추스크램블에그토스트

READY

통밀식빵
1장

달걀
2개

슬라이스 치즈
1장

양배추
4장(100g)

올리브유
1큰술

소금
1꼬집

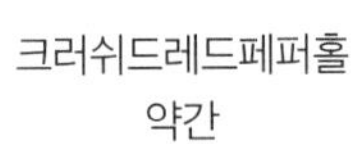
크러쉬드레드페퍼홀
약간

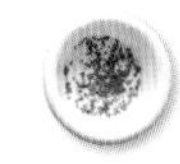
파슬리가루
약간

군침 도는 집 앞 포장마차 토스트가 부럽지 않아요

HOW TO MAKE

1 달군 팬에 통밀식빵을 넣어 앞뒤로 굽는다.

2 작은 볼에 달걀과 소금을 넣은 뒤 젓가락으로 잘 섞어 달걀물을 만든다. 양배추는 채 썬다.

3 팬에 올리브유를 두르고 양배추를 넣는다. 중약불에서 살짝 숨이 죽을 정도로 볶은 뒤 한쪽으로 밀어둔다.

4 팬의 빈 공간에 달걀물을 붓는다. 젓가락으로 흐트러뜨리면서 익혀 스크램블에그를 만들고 어느 정도 익으면 양배추와 함께 섞으며 볶는다.

5 구운 통밀식빵 위에 슬라이스 치즈를 올린다.

6 양배추스크램블에그를 올리고 크러쉬드레드페퍼홀과 파슬리가루를 뿌린다.

TIP 양배추의 아삭한 식감을 원한다면 볶는 시간을 조절해요.

브로콜리마늘닭가슴살볶음밥

READY

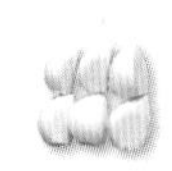

현미밥	완조리닭가슴살	달걀	브로콜리	마늘	대파	굴소스	올리브유	소금	통깨
2/3공기(130g)	1쪽(100g)	1개	1/4개(50g)	6쪽(20g)	1/10대(10g)	1큰술	2큰술	1/2큰술	약간

슈퍼 푸드 마늘과 다이어트 최강 식재료 닭가슴살의 꿀조합

HOW TO MAKE

1 브로콜리는 한입 크기로 잘라 소금을 넣은 끓는 물에 넣어 10초간 데친다. 데친 브로콜리는 건져내 찬물에 헹구어 식힌 뒤 체에 밭쳐 물기를 뺀다.

2 대파는 송송 썰고, 마늘은 얇게 편으로 썬다. 브로콜리와 닭가슴살은 잘게 다진다.

3 팬에 올리브유 1큰술을 두르고 대파와 마늘을 넣어 살짝 노릇해질 때까지 볶아 향을 낸다.

4 현미밥과 닭가슴살, 브로콜리, 굴소스, 소금, 통깨를 넣고 약한 불에서 3분간 더 볶는다.

5 작은 팬에 올리브유 1큰술을 두르고 달걀을 넣어 반숙으로 프라이한다.

6 접시에 볶음밥을 담고 달걀프라이를 올린다.

TIP 마늘이 타지 않게 약한 불에서 볶는 것이 포인트!

전자레인지숙주버섯밥

READY

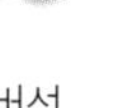
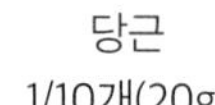

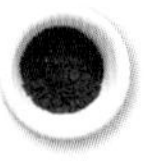

현미밥	숙주	느타리버섯	표고버섯	당근	대파	참기름	간장	고춧가루	통깨
2/3공기(130g)	1/2봉지(100g)	1줌(60g)	3송이(30g)	1/10개(20g)	1/10대(10g)	1큰술	1큰술	1/2큰술	약간

쉽고 간단하게 만드는 푸짐한 아침 한 그릇

HOW TO MAKE

1 느타리버섯은 손으로 한 가닥씩 찢고, 표고버섯은 얇게 슬라이스한다. 당근은 채 썰고 대파는 잘게 다진다.

2 작은 그릇에 대파, 참기름, 간장, 고춧가루를 넣고 골고루 섞어 양념장을 만든다.

3 내열 용기에 손질한 채소를 모두 담고 랩을 씌운 뒤 구멍을 군데군데 낸 다음 전자레인지에 넣고 3분 30초간 익힌다.

4 접시에 현미밥을 담고 익힌 채소들을 올린 뒤 통깨를 뿌린다. 양념장을 곁들인다.

TIP 취향에 따라 숙주 대신 콩나물을 이용해도 좋답니다.

전자레인지채소비빔밥

READY

			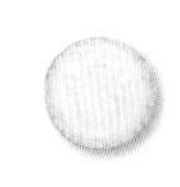		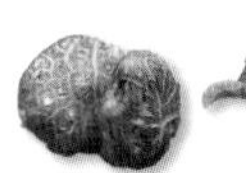			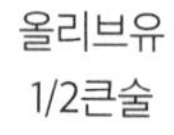	
현미밥 2/3공기(130g)	달걀 1개	콩나물 1/4봉지(50g)	애호박 1/4개(50g)	당근 1/3개(50g)	표고버섯 2송이(20g)	시금치 1줌(50g)	고추장 1/2큰술	올리브유 1/2큰술	참기름 1/2큰술

하루에 필요한 식이섬유를 효율적으로 섭취해요

HOW TO MAKE

1 표고버섯, 애호박, 당근은 채 썬다.

2 내열 용기에 채소들을 모두 담고 랩을 씌운 뒤 구멍을 군데군데 낸 다음 전자레인지에 넣고 3분 30초간 익힌다.

3 작은 팬에 올리브유를 두르고 달걀을 넣어 반숙으로 프라이한다.

4 접시에 현미밥과 익힌 채소들을 담는다.

5 현미밥 위에 고추장과 참기름을 뿌리고 달걀프라이를 올린다.

TIP 채소는 전자레인지에 한 번 돌려야 물이 덜 생겨요. 취향에 따라 다른 채소들을 넣어 응용해보세요.

자투리채소토스트

READY

       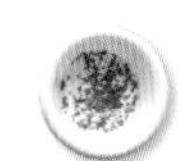

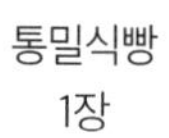

통밀식빵	달걀	모차렐라 치즈	빨강·노랑 파프리카	브로콜리	표고버섯	블랙올리브	토마토소스	파슬리가루
1장	1개	1큰술	1/12개씩(60g)	1/10개(20g)	1송이(10g)	3알	1큰술	약간

여러 가지 채소들과 고소한 달걀의 환상 궁합

2

4

5

6

HOW TO MAKE

1 브로콜리는 한입 크기로 잘라 끓는 물에 넣어 10초간 데친다. 건져낸 브로콜리는 차가운 물에 담가 식힌 뒤 체에 밭쳐 물기를 제거한다.

2 빨강·노랑 파프리카, 브로콜리, 표고버섯은 잘게 다진다.

3 블랙올리브는 동그란 모양을 살려 슬라이스한다.

4 큰 볼에 다진 채소들을 모두 담고 토마토소스를 넣어 잘 섞는다.

5 통밀식빵의 가운데 부분을 남기고 토마토소스에 버무린 채소들을 올린다.

6 비워 둔 통밀식빵 가운데 부분에 달걀을 깨트려 넣고 채소 위에 모차렐라 치즈를 뿌린다.

7 190도로 예열된 오븐에 통밀식빵을 넣어 10~15분간 굽는다. 접시에 담고 파슬리가루를 뿌린다.

TIP 달걀이 들어갈 통밀식빵 가운데를 손으로 살짝 눌러 오목하게 만들면 좋아요.

태국식게살볶음밥

READY

								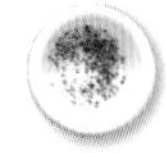
현미밥 2/3공기(130g)	크래미 5개(90g)	달걀 2개	대파 1/5대(20g)	올리브유 2큰술	굴소스 1/3큰술	간장 1/3큰술	참치액 1/3큰술	후춧가루 약간

HOW TO MAKE

1 작은 볼에 달걀을 깨트려 넣고 골고루 섞어 달걀물을 만든다. 크래미는 손으로 큼직하게 찢고, 대파는 송송 썬다.

2 작은 그릇에 굴소스, 간장, 참치액, 후춧가루를 넣고 잘 섞어 양념장을 만든다.

3 팬에 올리브유 1큰술을 두르고 대파를 넣은 뒤 약한 불에서 파기름이 생길 때까지 볶는다.

4 다시 올리브유 1큰술을 두르고 달걀물을 붓는다. 젓가락으로 흐트러뜨리면서 익혀 스크램블에그를 만든다.

5 현미밥과 크래미, 양념장을 넣고 약한 불에서 골고루 섞으며 볶은 뒤 접시에 담는다.

TIP 양념으로 굴소스 1큰술만 넣거나, 시판용 팟타이소스를 사용해도 괜찮아요.

훈제오리양배추덮밥

READY

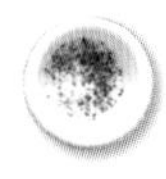

현미밥	훈제오리	양배추	당근	부추	굴소스	후춧가루	크러쉬드레드페퍼홀
2/3공기(130g)	100g	4장(100g)	1/10개(20g)	5줄기(10g)	1/2큰술	약간	약간

1

4

HOW TO MAKE

1 부추는 3cm 길이로 썬다. 당근과 양배추는 채 썬다.

2 훈제오리는 길게 채 썬다.

3 달군 팬에 훈제오리를 넣고 볶아 기름을 낸다.

4 손질한 채소들과 굴소스, 후춧가루를 모두 함께 넣고 골고루 섞으며 볶아 훈제오리양배추볶음을 만든다.

5 접시에 현미밥을 담고 훈제오리양배추볶음을 올린 뒤 크러쉬드레드 페퍼홀을 뿌린다.

TIP 훈제오리의 기름기가 부담스럽다면 처음 훈제오리를 볶을 때 나온 기름을 키친 타월로 닦아 살짝 제거한 뒤 만드세요.

Good Afternoon!

도시락에 담아 한입에 쏙!

점심 한 그릇

창문으로 들어오는 햇빛마저 사랑스러운 시간. 모두가 기다리는 점심입니다. 보통 점심은 다 같이 먹거나 외식을 하는 경우가 많지요? 오늘은 맛있는 걸 먹자는 달콤한 유혹에 넘어가기도 쉽지요.
이럴 때는 다이어트 도시락이 효과 만점이에요. 언제 어디서든 펼쳐도 사진부터 찍고 싶을 만큼 예쁘고 알찬 한 그릇 도시락을 준비했어요. 인스타그램에서 '좋아요'를 가장 많이 받은 인기 폭발 도시락 메뉴들이 총출동했답니다. 하루 중 가장 활발하게 에너지를 발산하는 때이니 포만감과 활력을 충분히 주어야 해요. 다이어트의 최대 고비인 저녁 폭식, 야식의 여부를 결정하는 중요한 타이밍이기도 합니다. 단백질 함유량이 높은 육류와 달걀 등을 건강하게 요리할 수 있는 레시피를 알려드릴게요. 예민한 식단 조절 기간에도 점심시간이 한껏 기다려질 거예요.

달걀말이김밥

READY

김밥 김	현미밥	달걀	쪽파	당근	빨강 파프리카	새송이버섯	올리브유	참기름	통깨	소금
1+1/2장	2/3공기(130g)	2개	2줄기	1/10개(20g)	1/10개(20g)	1/3송이(20g)	1큰술	1/2큰술	1/2큰술	2꼬집

1

3

6

7

HOW TO MAKE

1 빨강 파프리카와 새송이버섯, 당근, 쪽파는 최대한 잘게 다진다.

2 볼에 달걀을 깨트려 넣는다. 빨강 파프리카, 새송이버섯, 당근, 쪽파, 소금 1꼬집을 넣고 골고루 섞어 달걀물을 만든다.

3 팬에 올리브유를 두르고 달걀물을 붓는다. 끝에서부터 돌돌 말며 익혀 달걀말이를 만든다.

4 김발 위에 김밥 김 1/2장과 달걀말이를 올린 뒤 돌돌 감아두어 모양을 잡는다.

5 큰 볼에 현미밥, 소금 1꼬집, 통깨, 참기름을 넣고 섞는다.

6 김발을 펼쳐 김에 싼 달걀말이를 꺼내고, 키친타월로 김발을 닦아낸 뒤 김밥 김 1장을 올린다. 양념한 밥과 김에 싼 달걀말이를 올리고, 돌돌 말아 달걀말이김밥을 만든다.

7 김발을 펼친 뒤 한입 크기로 썰어 도시락 용기에 담는다.

TIP 달걀말이에 들어가는 채소는 넣기 전에 면보로 물기를 제거하세요. 이 과정을 거쳐야 달걀말이에 수분이 생기지 않아요.

닭가슴살햄언위치

READY

닭가슴살햄
10장

달걀
2개

슬라이스 치즈
1장

청상추
10장

양파
1/4개(50g)

토마토
1/4개(50g)

올리브유
1/2큰술

큰 볼에 부어서 먹으면 푸짐한 샐러드로 변신!

3

4

6

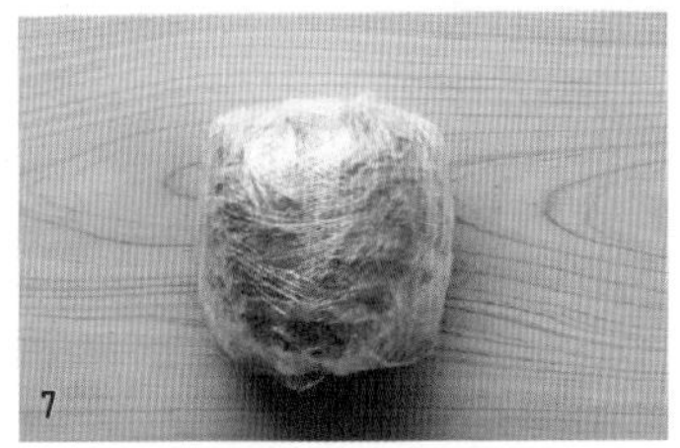
7

HOW TO MAKE

1 양파와 토마토는 동그란 모양을 살려 얇게 슬라이스한다.

2 양파는 찬물에 10분간 담가 매운맛을 빼고 물기를 제거한다.

3 토마토는 키친타월에 올려 물기를 제거한다.

4 작은 팬에 올리브유를 두르고 달걀 2개를 넣어 반숙으로 프라이한다.

5 닭가슴살햄은 끓는 물에 넣어 데친 뒤 키친타월에 올려 물기를 제거한다.

6 청상추는 5장씩 겹쳐 미리 반으로 접어놓는다.

7 도마에 랩을 깔고 청상추, 슬라이스 치즈, 달걀프라이, 토마토, 양파를 순서대로 올린 뒤 나머지 청상추를 덮고 세 번 랩핑한다.

8 랩핑한 언위치를 반으로 자르고 도시락 용기에 담는다.

TIP 달걀프라이는 한 김 식힌 후에 넣어야 채소의 숨이 죽지 않아요.

연어시금치주먹밥

READY

현미밥
2/3공기(130g)

연어캔
1개(100g)

시금치
1줌(50g)

방울토마토
3개

참기름
1큰술

통깨
1/2큰술

소금
1꼬집

담백한 연어와 시금치로 풍미도 포만감도 UP!

HOW TO MAKE

1 연어는 체에 밭쳐 기름기를 제거한다.

2 시금치는 밑동을 자른 뒤 비닐봉지에 담아 전자레인지에 넣고 1분간 익힌다.

3 익힌 시금치는 한입 크기로 송송 썬다.

4 볼에 현미밥을 담은 뒤 연어, 시금치, 참기름, 소금, 통깨를 넣고 골고루 섞는다.

5 양념한 밥을 한입 크기가 되도록 뭉쳐 주먹밥을 만든다.

6 주먹밥을 도시락 용기에 담고 방울토마토를 곁들인다.

TIP 시금치 대신 브로콜리나 케일로 대체해도 잘 어울려요.

가지오픈샌드위치

READY

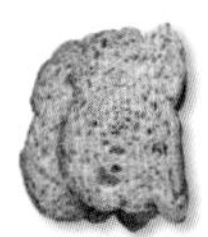
통밀빵
2장

달걀
1개

가지
1개(120g)

토마토
1/2개(60g)

저지방 크림치즈
1큰술

올리브유
1큰술

발사믹 글레이즈
약간

크러쉬드레드페퍼홀
약간

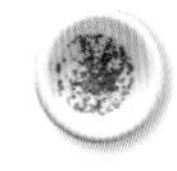
파슬리가루
약간

힙스터들의 상징 오픈샌드위치를 더 가볍게 즐기는 법

HOW TO MAKE

1 냄비에 물을 붓고 달걀을 넣은 뒤 한쪽 방향으로 저으며 센 불에서 10분간 삶는다.

2 달군 팬에 통밀빵을 넣고 앞뒤로 굽는다.

3 가지는 꼭지를 자르고 세로로 4등분해 길게 슬라이스하고, 토마토는 동그란 모양을 살려 0.5cm 두께로 슬라이스한다.

4 팬에 올리브유를 두르고 가지를 올린 뒤 중약불에서 앞뒤로 노릇노릇하게 굽는다.

5 삶은 달걀은 껍질을 벗긴 뒤 에그 슬라이서로 동그란 모양을 살려 자른다.

6 구운 통밀빵에 저지방 크림치즈를 얇게 펴 바른다.

7 통밀빵에 구운 가지와 토마토, 삶은 달걀을 올리고 발사믹 글레이즈, 크러쉬드레드페퍼홀, 파슬리가루를 뿌린다.

TIP 삶은 달걀 대신 달걀프라이를 올려도 좋아요.

달걀지단새우덮밥

READY

현미밥
2/3공기(130g)

자숙새우
12마리(60g)

달걀
2개

쪽파
1줄기

당근
1/20개(10g)

올리브유
2큰술

소금
1꼬집

오동통한 붉은 새우와 노란 달걀로 눈이 즐거운 단백질 도시락

HOW TO MAKE

1 자숙새우는 찬물에 살짝 담가 해동한 뒤 키친타월에 올려 물기를 제거한다.

2 볼에 달걀을 깨트려 넣고 소금을 넣은 뒤 젓가락으로 잘 섞어 달걀물을 만든다. 당근은 채 썰고, 쪽파는 송송 썬다.

3 팬에 올리브유 1큰술을 두르고 달걀물을 부어 지단을 만든다. 잘 익은 지단은 한 김 식힌 뒤 동그랗게 말아서 채 썬다.

4 다시 올리브유 1큰술을 두른 뒤 자숙새우를 올려 앞뒤로 굽고, 당근도 올려 살짝 볶는다.

5 도시락 용기에 현미밥을 고르게 펼쳐 담고 지단, 당근, 새우를 차례대로 올린 뒤 쪽파를 뿌린다.

TIP 간장 1큰술, 참기름 1큰술을 섞은 양념장을 곁들이면 정말 맛있어요.

닭가슴살과일월남쌈

READY

라이스페이퍼
8장

완조리닭가슴살
1쪽(100g)

케일
4장

빨강·노랑 파프리카
1/3개씩(60g)

딸기
2개

방울토마토
2개

키위
1/2개

사과
1/10개(20g)

한입 크게 싸 먹어도 살찔 걱정이 없어요

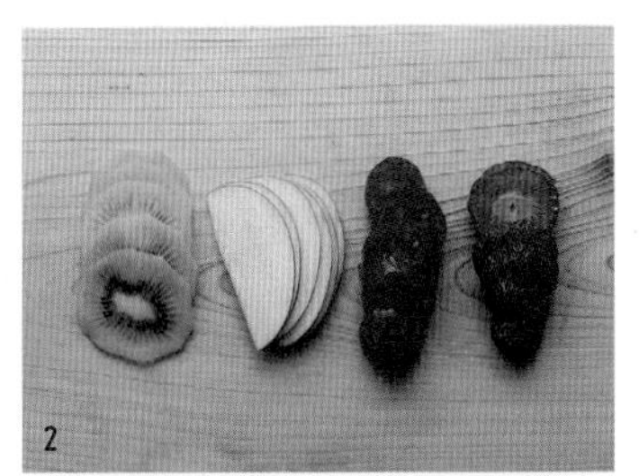

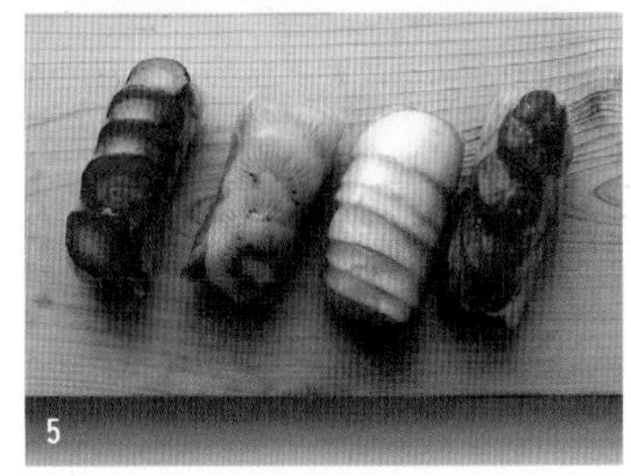

HOW TO MAKE

1 빨강·노랑 파프리카는 길게 채 썰고, 닭가슴살은 손으로 잘게 찢는다.

2 사과는 반달 모양으로 얇게 채 썰고, 딸기와 방울토마토, 키위는 동그란 모양을 살려 얇게 슬라이스한다.

3 라이스페이퍼를 따뜻한 물에 10초 정도 담갔다 꺼낸 뒤 2장을 세로로 절반씩 겹쳐 올린다.

4 라이스페이퍼 위에 케일, 빨강·노랑 파프리카, 닭가슴살을 올린다. 그 다음 얇게 슬라이스한 과일 한 종류를 케일 위쪽에 일렬로 올린다.

5 라이스페이퍼를 돌돌 말아 잘 감싼 뒤 도시락 용기에 담는다.

TIP 완성된 월남쌈에 케일이나 쌈채소를 감싸면 용기에 넣었을 때 서로 달라붙지 않아요.

오또케샐러드

READY

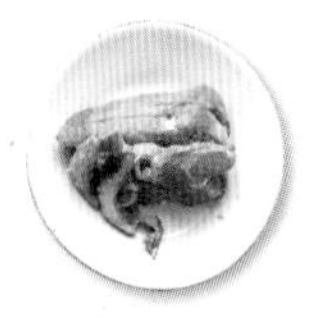

훈제오리	낫또	케일	샐러드채소	방울토마토	사과
100g	1팩(50g)	5~6장	2줌(100g)	3개	1/4개(30g)

1

3

4

5

HOW TO MAKE

1 케일은 돌돌 말아 채 썰고 사과도 길게 채 썬다.

2 방울토마토는 반으로 자른다.

3 볼에 낫또와 사과를 넣은 뒤 젓가락으로 잘 휘저어 섞는다.

4 달군 팬에 훈제오리를 넣어 앞뒤로 굽는다.

5 구운 훈제오리는 키친타월에 올려 기름기를 제거하고 한입 크기로 썬다.

6 접시에 샐러드채소를 담고 케일, 훈제오리, 사과와 섞은 낫또, 방울토마토를 순서대로 올린다.

TIP 훈제오리가 짭짤해서 소스 없이 먹어도 괜찮아요. 소스가 꼭 필요하다면 오리엔탈 드레싱이나 발사믹 글레이즈를 작은 종지에 덜어 찍어 먹기를 권합니다.

방울초밥

READY

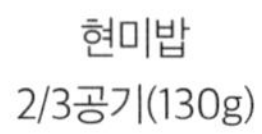  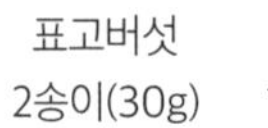 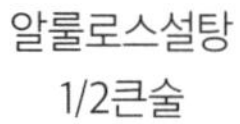

현미밥	훈제연어	달걀	표고버섯	오이	식초	올리브유	알룰로스설탕	소금
2/3공기(130g)	30g	1개	2송이(30g)	1/6개(20g)	1큰술	1/2큰술	1/2큰술	4꼬집

HOW TO MAKE

1 볼에 달걀과 소금 1꼬집을 넣은 뒤 잘 섞어 달걀물을 만든다.

2 오이는 동그란 모양을 살려 채 썬 뒤 소금 1꼬집을 뿌려 살짝 절인다.

3 팬에 올리브유를 두르고 달걀물을 부어 지단을 만든 뒤 한 김 식힌다.

4 표고버섯은 밑동을 잘라내고 끓는 물에 넣어 10초간 데친다.

5 지단은 동그랗게 말아서 채 썰고, 오이와 표고버섯은 키친타월에 올려 물기를 제거한다.

6 큰 볼에 현미밥을 담고 식초, 알룰로스설탕, 소금 2꼬집을 넣고 골고루 섞은 뒤 한입 크기로 뭉쳐 주먹밥을 만든다.

7 도마 위에 랩을 깔고 훈제연어, 지단, 표고버섯, 오이를 각각 올린 뒤 주먹밥을 올려 감싼다.

8 랩을 벗기고 도시락 용기에 담는다.

TIP 랩으로 쌀 때 공기가 들어가지 않도록 탱탱하게 감싸야 해요.

참치샌드위치

READY

통밀식빵	참치캔	달걀	슬라이스 치즈	청상추	양파	토마토	하프케첩	하프머스터드	올리브유
2장	1개(100g)	2개	1장	5~6장	1/4개(50g)	1/4개(50g)	1큰술	1큰술	1/2큰술

칼로리는 줄였어도 클래식은 영원하다!

HOW TO MAKE

1 양파는 동그란 모양을 살려 얇게 채 썰고, 찬물에 10분간 담가 매운맛을 뺀 뒤 키친타월에 올려 물기를 제거한다.

2 토마토는 동그랗게 슬라이스한 뒤 키친타월에 올려 물기를 뺀다.

3 작은 팬에 올리브유를 두르고 달걀 2개를 넣어 반숙으로 프라이한 뒤 한 김 식힌다.

4 참치는 체에 밭쳐 기름기를 제거한다.

5 달군 팬에 통밀식빵을 넣어 앞뒤로 구운 뒤 한 쪽에는 하프케첩을, 다른 쪽에는 하프머스터드를 얇게 펴 바른다.

6 도마에 랩을 깔고 통밀식빵 위에 슬라이스 치즈, 달걀프라이, 참치, 토마토, 양파, 청상추를 순서대로 올린 뒤 나머지 통밀식빵을 덮고 세 번 랩핑한다.

7 반으로 자르고 도시락 용기에 담는다.

TIP 안에 들어가는 채소는 최대한 물기를 제거하고 넣어주세요.

닭가슴살김치볶음밥

READY

현미밥 2/3공기(130g)	완조리닭가슴살 1쪽(100g)	배추김치 3장(100g)	달걀 1개	쪽파 2줄기	올리브유 2큰술	굴소스 1큰술	참기름 1/2큰술	통깨 약간

한밤중에 입맛 다시지 말고 점심에 김볶밥 한 그릇 하자고요

HOW TO MAKE

1 배추김치는 흐르는 물에 씻어 양념을 제거한 뒤 손으로 꽉 짜서 물기를 뺀다.

2 쪽파, 배추김치, 닭가슴살은 잘게 깍둑 썬다.

3 팬에 올리브유 1큰술을 두르고 쪽파와 배추김치를 넣어 중약불에서 볶는다.

4 현미밥과 닭가슴살, 굴소스, 참기름, 통깨를 넣고 약한 불에서 골고루 섞으며 볶아 닭가슴살김치볶음밥을 만든다.

5 작은 팬에 올리브유 1큰술을 두르고 달걀을 넣어 반숙으로 프라이한다.

6 도시락 용기에 닭가슴살김치볶음밥을 담은 뒤 달걀프라이를 올린다.

TIP 닭가슴살 대신 참치를 넣어도 고소하고 담백한 김치볶음밥이 완성돼요.

감자요거트크래미샐러드

READY

									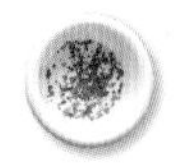
통밀빵 2장	크래미 3개	감자 1개(100g)	빨강·노랑 파프리카 1/4개씩(50g)	브로콜리 1/10개(10g)	어린잎채소 1줌(10g)	플레인 요거트 1큰술	소금 1꼬집	크러쉬드레드페퍼홀 약간	파슬리가루 약간

부드러운 맛과 식감이 지친 오후에 생기를 뿜뿜

HOW TO MAKE

1 달군 팬에 통밀빵을 넣고 앞뒤로 굽는다.

2 감자는 껍질을 벗기고 4~5조각으로 자른 뒤 비닐봉지에 담아 전자레인지에 넣고 4분간 익힌다.

3 빨강·노랑 파프리카와 브로콜리는 같은 크기로 잘게 다지고, 크래미는 손으로 잘게 찢는다.

4 볼에 익힌 감자, 빨강·노랑 파프리카, 브로콜리, 플레인 요거트, 소금을 넣은 뒤 숟가락으로 잘 으깨며 섞어 감자요거트샐러드를 만든다.

5 접시에 감자요거트샐러드를 옮겨 담고 크래미를 올린 뒤 크러쉬드레드페퍼홀과 파슬리가루를 뿌린다.

6 통밀빵과 어린잎채소를 곁들인다.

TIP 감자가 조금 부담스럽다면 고구마나 단호박으로 대체해보세요.

Good Afternoon
BEST
12

새우주먹밥

READY

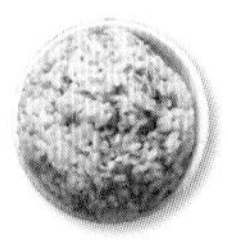

현미밥
2/3공기(130g)

자숙새우
20마리(100g)

쪽파
2줄기

빨강·노랑 파프리카
1/4개씩(50g)

참기름
1큰술

올리브유
1/2큰술

소금
1꼬집

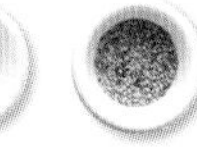

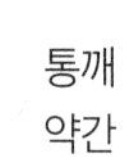

통깨
약간

새우 덕후들 주목! 바쁜 점심에도 한입 쏙 단백질 주먹밥

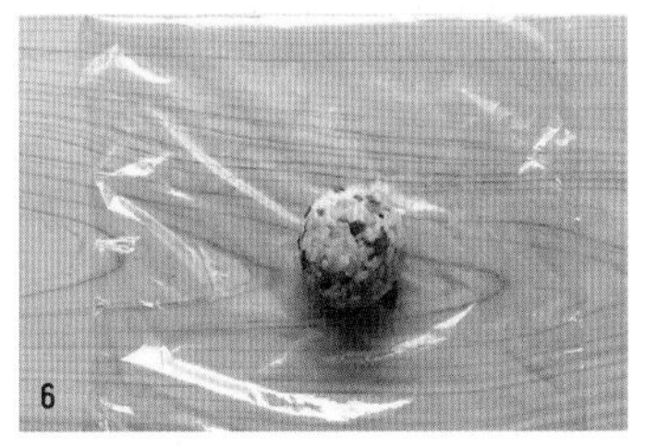

HOW TO MAKE

1 자숙새우는 찬물에 담가 해동한 뒤 끓는 물에 넣어 30초간 살짝 데친다. 고명으로 올릴 새우 6개를 빼고 나머지 새우는 잘게 다진다.

2 빨강·노랑 파프리카와 쪽파는 최대한 잘게 다진다.

3 팬에 올리브유를 두르고 빨강·노랑 파프리카와 쪽파를 넣어 센 불에서 살짝 볶은 뒤 한 김 식힌다.

4 볼에 현미밥을 담은 뒤 다진 새우, 빨강·노랑 파프리카, 쪽파, 참기름, 소금, 통깨를 넣고 골고루 섞는다.

5 양념한 밥은 한입 크기로 뭉쳐 주먹밥을 만든다.

6 도마 위에 정사각형 모양으로 자른 랩을 깔고 새우 1개를 올린 뒤 주먹밥을 올린다.

7 랩으로 주먹밥을 탱탱하게 감싸 동그랗게 모양을 잡는다. 랩을 벗기고 도시락 용기에 담는다.

TIP 새우를 전부 다져 넣어 만들어도 좋아요.

닭가슴살냉채월남쌈

READY

라이스페이퍼 3~4장

완조리닭가슴살 1쪽(100g)

빨강·노랑 파프리카 1/4개씩(50g)

당근 1/5개(30g)

양파 1/5개(30g)

오이 1/4개(30g)

식초 1큰술

알룰로스설탕 1큰술

다진 마늘 1/2큰술

연겨자 1/2큰술

간장 1/2큰술

다이어터 친구들과 함께하는 점심 요리로 제격이에요!

HOW TO MAKE

1 작은 볼에 다진 마늘, 연겨자, 간장, 식초, 알룰로스설탕을 넣고 잘 섞어 소스를 만든다.

2 빨강·노랑 파프리카, 양파, 오이, 당근은 길게 채 썬다. 닭가슴살은 한입 크기로 길게 찢는다.

3 큰 볼에 닭가슴살, 손질한 채소, 소스를 넣고 손으로 골고루 섞어 닭가슴살냉채를 만든다.

4 라이스페이퍼는 따뜻한 물에 10초간 담갔다 꺼낸 뒤 잘 펼쳐 놓고 닭가슴살냉채를 올린다.

5 라이스페이퍼를 돌돌 말아 감싸 월남쌈을 만든다.

6 닭가슴살냉채와 월남쌈을 접시에 담는다.

TIP 월남쌈을 쌀 때 안에 깻잎이나 케일 같은 쌈채소를 같이 넣고 싸면 모양이 예쁘게 나와요.

볶음양파오픈토스트

READY

       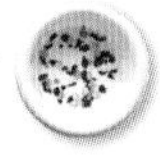 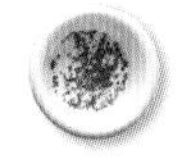

통밀식빵	달걀	양파	올리브유	발사믹 글레이즈	파르메산 치즈가루	하프마요네즈	크러쉬드레드페퍼홀	파슬리가루
1장	1개	1개(100g)	1큰술	1큰술	1큰술	1/2큰술	약간	약간

양파를 볶아 감칠맛을 한껏 끌어올린 든든한 토스트

HOW TO MAKE

1 냄비에 물을 붓고 달걀을 넣은 뒤 한쪽 방향으로 저으며 센 불에서 10분간 삶는다.

2 달군 팬에 통밀식빵을 넣어 앞뒤로 굽고 한 김 식힌다.

3 양파는 얇게 채 썬다.

4 팬에 올리브유를 두르고 양파와 발사믹 글레이즈 1/2큰술을 넣은 뒤 중약불에서 8~10분간 잘 섞으며 볶는다.

5 삶은 달걀은 껍질을 벗기고 에그 슬라이서로 동그란 모양을 살려 자른다.

6 구운 통밀식빵 위에 하프마요네즈를 얇게 펴 바른 뒤 볶은 양파와 삶은 달걀을 올린다. 발사믹 글레이즈 1/2큰술과 파르메산 치즈가루, 크러쉬드레드페퍼홀, 파슬리가루를 뿌리고 접시에 담는다.

TIP 삶은 달걀 대신 달걀프라이로 대체해도 괜찮아요.

참치오니기라즈

READY

김밥 김
1장

현미밥
2/3공기(130g)

참치캔
1개(100g)

달걀
1개

슬라이스 치즈
1장

청상추
3~4장

빨강·노랑 파프리카
1/7개씩(30g)

올리브유
1/2큰술

참기름
1/2큰술

소금
1꼬집

통깨
약간

한 그릇 다이어트의 시그니처 레시피! 안 따라해볼 수 없겠죠!

1

2

3

5

6

7

HOW TO MAKE

1 빨강·노랑 파프리카는 길게 채 썰고 참치는 체에 밭쳐 기름기를 뺀다.

2 작은 팬에 올리브유를 두르고 달걀을 넣어 반숙으로 프라이한다.

3 볼에 현미밥을 담고 참기름, 소금, 통깨를 넣고 잘 섞는다.

4 도마에 김밥 김을 다이아몬드 모양으로 올린 뒤 양념된 밥의 절반 분량을 올려 동그랗게 모양을 잡는다. 이때 나머지 밥도 미리 동그랗게 뭉쳐 놓는다.

5 밥 위에 슬라이스 치즈, 달걀프라이, 참치, 파프리카, 청상추를 순서대로 올린 뒤 나머지 밥을 올린다.

6 김밥 김을 사방으로 접고 양손으로 힘주어 눌러 감싼다.

7 도마에 랩을 깔고 살짝 눌러가면서 세 번 랩핑한 뒤 반으로 잘라 도시락 용기에 담는다.

TIP 참치 대신 크래미, 닭가슴살을 넣어 근사한 저칼로리 오니기라즈 세트를 완성해보세요!

Good Afternoon
BEST 16

가지크래미피자

READY

   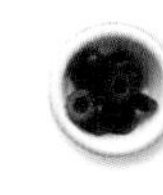    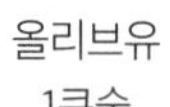  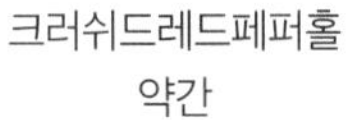 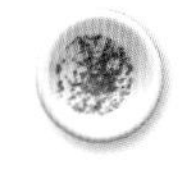

크래미	달걀	가지	블랙올리브	모차렐라 치즈	토마토소스	올리브유	크러쉬드레드페퍼홀	파슬리가루
3개	1개	1개(120g)	5알	2큰술(40g)	3큰술	1큰술	약간	약간

패스트푸드가 당기는 날 먹기 좋은 영양 가득 피자

HOW TO MAKE

1 가지는 동그란 모양을 살려 0.7cm 두께로 슬라이스한다.

2 크래미는 손으로 잘게 찢는다.

3 접시에 올리브유를 두른다.

4 접시 위에 가지를 차곡차곡 쌓아가며 빙 둘러 채운다.

5 가지 위에 토마토소스를 골고루 펴 바른다.

6 가운데 부분을 남기고 크래미, 블랙올리브, 모차렐라 치즈를 올린다.

7 빈 가운데 부분에 달걀을 깨트려 넣고 이쑤시개나 포크로 노른자를 두세 번 찌른 뒤 전자레인지에 넣어 3분 30초간 돌린다.

8 크러쉬드레드페퍼홀과 파슬리가루를 뿌린다.

TIP 오픈 토스터기를 사용하거나 오븐에 구워도 좋아요.

아보카도달걀말이김밥

READY

	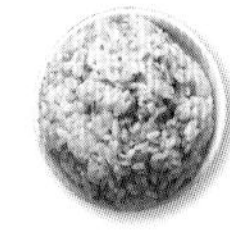		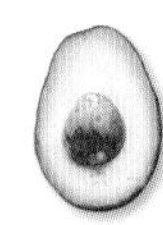				
김밥 김 1장	현미밥 2/3공기(130g)	달걀 2개	아보카도 1/2개	올리브유 1큰술	참기름 1/2큰술	소금 2꼬집	통깨 약간

일식집에 온 듯 정갈한 한 끼 도시락 완성

HOW TO MAKE

1 볼에 달걀과 소금 1꼬집을 넣고 젓가락으로 잘 섞어 달걀물을 만든다. 아보카도는 세로로 3등분한다.

2 팬에 올리브유를 두르고 달걀물을 붓는다. 끝에서부터 돌돌 말며 익혀 달걀말이를 만든다.

3 김발 위에 달걀말이를 올린 뒤 돌돌 감아두어 모양을 잡는다.

4 볼에 현미밥을 담은 뒤 참기름, 소금 1꼬집, 통깨를 넣고 골고루 섞는다.

5 김발을 펼쳐 한 김 식힌 달걀말이를 꺼내고, 키친타월로 김발을 닦아낸 뒤 김밥 김, 양념한 밥, 아보카도, 달걀말이를 올린다.

6 김발로 돌돌 말아 아보카도달걀말이김밥을 만든다. 김발을 펼친 뒤 아보카도달걀말이김밥을 한입 크기로 썰어 도시락 용기에 담는다.

TIP 김밥을 자를 때 중간 중간 키친타월에 칼을 닦아가며 썰면 깔끔하게 썰려요.

애호박오픈샌드위치

READY

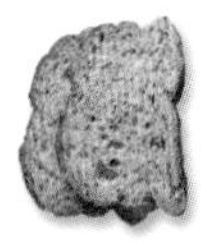

통밀빵	달걀	애호박	저지방 크림치즈	올리브유	소금	크러쉬드레드페퍼홀	파슬리가루
2장	1개	1/3개(100g)	1큰술	1/2큰술	1꼬집	약간	약간

비타민과 칼슘이 풍부한 애호박으로 하루 영양소를 채우는 별미 샌드위치

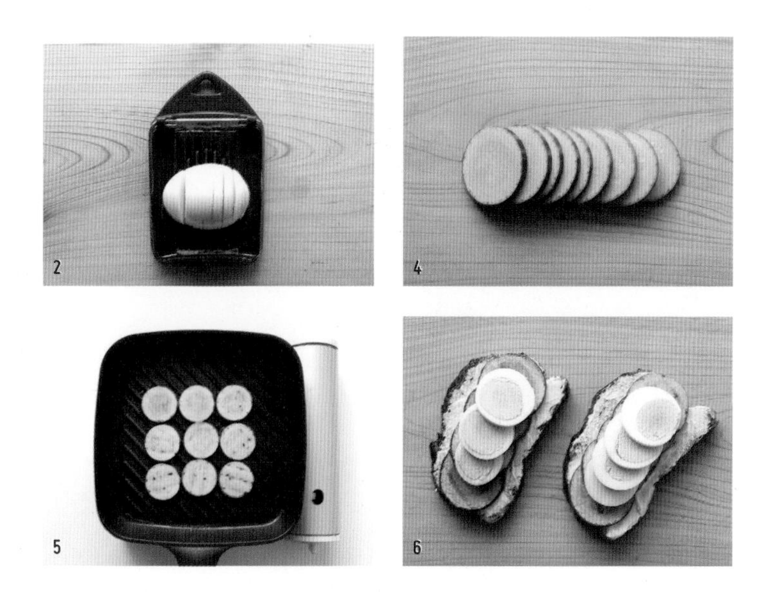

HOW TO MAKE

1 냄비에 물을 붓고 달걀을 넣은 뒤 한쪽 방향으로 저으며 센 불에서 10분간 삶는다.

2 삶은 달걀은 껍질을 벗기고 에그 슬라이서로 동그랗게 자른다.

3 달군 팬에 통밀빵을 넣어 앞뒤로 굽고 한 김 식힌다.

4 애호박은 동그란 모양을 살려 3mm 두께로 썬다.

5 팬에 올리브유를 두르고 애호박을 올린 뒤 소금을 뿌려 앞뒤로 굽는다.

6 구운 통밀빵에 저지방 크림치즈를 얇게 펴 바르고 애호박과 삶은 달걀을 올린다.

7 접시에 담고 크러쉬드레드페퍼홀과 파슬리가루를 뿌린다.

TIP 달걀 대신 메추리알을 사용하면 동글동글 귀여운 느낌의 샌드위치가 완성돼요.

과일요거트볼

READY

플레인 요거트
1개(80g)

바나나
1/2개(75g)

오렌지
1/2개

키위
1/2개

그래놀라
1큰술

상큼한 요거트 한 그릇으로 몸도 마음도 리프레시

HOW TO MAKE

1 바나나는 반으로 자르고, 오렌지와 키위는 한입 크기로 썬다.
2 작은 컵이나 오목한 그릇에 오렌지와 키위 절반 분량을 담는다.
3 오렌지와 키위 위에 플레인 요거트를 올리고 바나나를 꽂는다.
4 나머지 분량의 오렌지, 키위, 그래놀라를 올린다.

TIP 제철 과일이면 어떤 것을 사용해도 무방하고, 그래놀라 대신 견과류로 대체해도 맛있어요.

참치오이주먹밥

READY

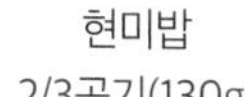

김밥 김	현미밥	참치캔	딸기	방울토마토	오이	어린잎채소	참기름	소금	통깨
1장	2/3공기(130g)	1개(100g)	4개	4개	1/5개(30g)	1줌(10g)	1큰술	3꼬집	약간

귀여워 보이지만 필수 영양소가 알차게 꽉 차 있답니다

HOW TO MAKE

1 참치는 체에 밭쳐 기름기를 제거한다.

2 오이는 동그란 모양을 살려 얇게 채 썬 뒤 볼에 담고 소금 2꼬집을 뿌려 10분간 절인다.

3 절인 오이는 흐르는 물에 씻어 소금기를 제거한 뒤 손으로 꽉 짜서 물기를 뺀다.

4 볼에 현미밥과 참치, 오이, 참기름, 소금 1꼬집, 통깨를 넣고 잘 섞는다.

5 양념한 밥을 먹기 좋은 크기로 뭉쳐 주먹밥을 만든다.

6 김밥 김을 4등분해 잘라 겹친 뒤 하트 모양으로 오려 주먹밥 위에 붙이고 도시락 용기에 담는다. 딸기와 방울토마토를 곁들인다.

TIP 김을 굽고 잘게 찢어 봉지에 주먹밥과 담은 뒤 함께 굴려도 좋아요.

고구마사과또띠아피자

READY

통밀또띠아
1장

고구마
1개(100g)

사과
1/4개(50g)

견과류
1줌(15g)

저지방 크림치즈
1큰술

꿀
1큰술

시나몬가루
약간

식이섬유가 풍부해 달콤해도 살찔 걱정이 없어요

HOW TO MAKE

1 고구마는 껍질을 벗기고 3~4조각으로 자른 뒤 비닐봉지에 담아 전자레인지에 넣고 4분간 익힌다.

2 사과는 반달 모양으로 껍질째 채 썰고, 견과류는 칼로 잘게 다진다.

3 큰 볼에 고구마, 견과류, 저지방 크림치즈를 넣고 숟가락으로 으깨며 섞어 고구마페이스트를 만든다.

4 통밀또띠아 위에 고구마페이스트를 고르게 펴 바른다.

5 고구마페이스트 위에 사과를 빙 둘러 올리고 190도로 예열된 오븐에 넣어 10~15분간 굽는다.

6 접시에 담고 시나몬가루, 견과류, 꿀을 뿌린다.

TIP 고구마페이스트를 만들 때 견과류를 조금 남겼다가 완성된 피자 위에도 뿌려요.

참치스크램블에그덮밥

READY

현미밥 2/3공기(130g)

참치캔 1개(100g)

달걀 2개

쪽파 1줄기

올리브유 1큰술

참기름 1/2큰술

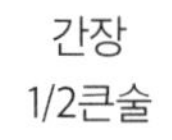
간장 1/2큰술

소금 1꼬집

통깨 약간

부드러운 달걀과 참치가 비주얼 도시락으로 재탄생

HOW TO MAKE

1 참치는 체에 밭쳐 기름기를 제거한다.

2 볼에 달걀을 깨트려 넣고 소금을 넣은 뒤 젓가락으로 잘 섞어 달걀물을 만든다. 쪽파는 송송 썬다.

3 팬에 올리브유를 두르고 달걀물을 붓는다. 젓가락으로 흐트러뜨리면서 익혀 스크램블에그를 만든다.

4 도시락 용기에 현미밥을 고르게 펴 담는다.

5 현미밥 위에 스크램블에그 1큰술, 참치 1큰술을 격자무늬로 번갈아가며 올린다.

6 쪽파와 통깨를 뿌리고 참기름과 간장을 섞은 양념장을 곁들인다.

TIP 스크램블에그를 만들 때 참치를 같이 넣고 볶아 밥 위에 올리면 시간을 단축할 수 있어요.

단호박견과죽

READY

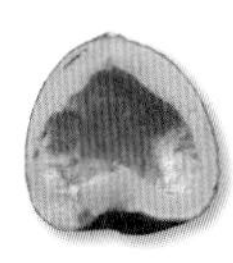
단호박
1/2개(200g)

견과류
약간

찹쌀가루
1큰술

알룰로스설탕
1/2큰술

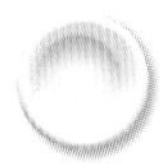
소금
1꼬집

시나몬가루
약간

입이 깔깔해서 아무것도 먹고 싶지 않은 날 먹기 좋아요

HOW TO MAKE

1 단호박은 꼭지가 있는 윗부분을 칼로 자른 뒤 비닐봉지에 담아 전자레인지에 넣고 3분간 익힌다. 껍질을 벗겨내고 한입 크기로 썬다.

2 작은 볼에 찹쌀가루와 물 300ml를 넣고 잘 섞어 찹쌀물을 만든다.

3 물을 넣은 냄비에 단호박, 알룰로스설탕, 소금을 넣고 센 불에서 끓인다.

4 단호박이 어느 정도 익으면 한 김 식힌 뒤 핸드블렌더나 믹서기에 넣어 곱게 갈고 다시 냄비에 곱게 간 단호박을 담아 약불에서 잘 저으며 끓인다.

5 냄비에 찹쌀물을 붓고 약불에서 5분간 잘 저으며 끓여 단호박죽을 만든다.

6 컵이나 오목한 접시에 단호박죽을 담고 견과류와 시나몬가루를 뿌린다.

TIP 너무 되직하다 싶으면 물을 조금 더 넣고, 너무 묽으면 찹쌀물을 더 넣어가며 농도를 조절해요. 시나몬가루는 취향에 따라 생략해도 돼요.

훈제연어사과오픈샌드위치

READY

통밀빵	훈제연어	사과	양파	플레인 요거트	저지방 크림치즈	알룰로스설탕	크러쉬드레드페퍼홀
2장	80g	1/6개(20g)	1/20개(10g)	2큰술	1큰술	1/2큰술	약간

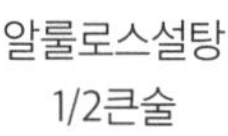

오메가3가 가득한 연어를 가장 상큼하게 먹는 법

HOW TO MAKE

1 통밀빵은 팬에 넣어 앞뒤로 굽고 한 김 식힌다.

2 훈제연어, 사과, 양파는 잘게 썬다.

3 볼에 훈제연어, 사과, 양파, 플레인 요거트, 알룰로스설탕을 넣고 골고루 섞어 연어페이스트를 만든다.

4 구운 통밀빵에 저지방 크림치즈를 얇게 펴 바른다.

5 연어페이스트를 올리고 크러쉬드레드페퍼홀을 뿌린 뒤 접시에 담는다.

TIP 훈제연어를 구하기 힘들다면 참치캔이나 연어캔으로 대체하세요.

훈제오리케일롤

READY

라이스페이퍼
5~6장

훈제오리
100g

케일
8장

빨강·노랑 파프리카
1/2개씩(80g)

당근
1/7개(30g)

적채
1+1/2장(30g)

플레인 요거트
1큰술

1

2

4

5

HOW TO MAKE

1 빨강·노랑 파프리카, 당근, 적채는 길게 채 썬다.

2 달군 팬에 훈제오리를 넣어 앞뒤로 노릇노릇하게 굽고 키친타월에 올려 기름기를 제거한다.

3 라이스페이퍼 2장을 따뜻한 물에 10초 정도 담갔다 꺼내 도마 위에 가로로 절반씩 겹쳐 올린다.

4 라이스페이퍼 위에 케일 2장을 겹쳐 올리고 훈제오리, 빨강·노랑 파프리카, 당근, 적채를 순서대로 올린다.

5 라이스페이퍼를 돌돌 말아 감싸 훈제오리케일롤을 만든다.

6 훈제오리케일롤을 4등분해 자른 뒤 도시락 용기에 세워 담고 플레인 요거트를 곁들인다.

TIP 도시락 용기에 담을 때 롤과 롤 사이에 유산지나 쌈채소를 끼워 담으면 서로 붙지 않아요.

통밀프렌치토스트

READY

통밀식빵	달걀	딸기	바나나	저지방우유	올리브유	플레인 요거트	알룰로스설탕	소금	시나몬가루
2장	2개	3개	1/2개	10큰술(70g)	2큰술	1큰술	1큰술	2꼬집	약간

허기진 점심을 달콤하게 채워주는 저칼로리 토스트

HOW TO MAKE

1 넓적한 볼에 달걀을 깨트려 넣고 저지방우유, 알룰로스설탕, 소금을 넣고 섞어 달걀물을 만든다.

2 바나나는 동그란 모양을 살려 얇게 슬라이스하고, 딸기는 1개만 잘게 썰고 2개는 반으로 자른다.

3 달걀물에 통밀식빵 2장을 넣어 앞뒤로 촉촉하게 적신다.

4 팬에 올리브유를 두르고 통밀식빵을 넣어 약한 불에서 앞뒤로 굽는다.

5 접시에 구운 통밀식빵 2장을 겹쳐 담고 바나나와 딸기를 올린 뒤 플레인 요거트와 시나몬가루를 뿌린다.

TIP 딸기와 바나나는 그때그때 나오는 제철과일로 대체해 마음껏 응용해도 돼요.

훈제오리주먹밥

READY

현미밥
2/3공기(130g)

훈제오리
100g

빨강·노랑 파프리카
1/7개씩(30g)

부추
5줄기(10g)

소금
1꼬집

통깨
약간

바쁜 점심에 간편한 스태미너식을 먹고 싶다면 추천해요

HOW TO MAKE

1 훈제오리, 빨강·노랑 파프리카, 부추는 같은 크기로 잘게 깍둑 썬다.

2 달군 팬에 현미밥과 손질한 재료들을 모두 담고 소금과 통깨를 넣은 뒤 중약불에서 골고루 섞으며 볶는다.

3 볶음밥은 한 김 식힌 뒤 한입 크기로 동그랗게 뭉쳐 주먹밥을 만든다.

4 주먹밥을 도시락 용기에 담는다.

TIP 볶음밥에 들어가는 재료들을 잘게 잘라야 흐트러지지 않고 잘 뭉쳐요. 너무 싱겁다면 소금 1꼬집을 더 넣어요.

크래미또띠아롤

READY

통밀또띠아
1장

크래미
5개

청상추
5장

빨강·노랑 파프리카
1/4개씩(50g)

적채
1+1/2장(30g)

저지방 크림치즈
1큰술

부드러운 크래미와 아삭한 채소로 풍성한 식감이 일품이에요

HOW TO MAKE

1 달군 팬에 통밀또띠아를 넣고 앞뒤로 10초간 굽는다.

2 크래미는 손으로 잘게 찢고, 빨강·노랑 파프리카와 적채는 길게 채 썬다.

3 구운 통밀또띠아에 저지방 크림치즈를 얇게 펴 바른다.

4 통밀또띠아 위에 청상추, 크래미, 빨강·노랑 파프리카, 적채를 나란히 올린다.

5 또띠아의 양쪽 끝을 잇는다는 느낌으로 돌돌 말아 감싸 크래미또띠아롤을 만든다.

6 도마에 랩을 깔고 크래미또띠아롤을 가로로 올린 뒤 안에 있는 공기를 빼듯 살짝 눌러가며 세 번 감싼다.

7 도마에 유산지를 깔고 크래미또띠아롤을 올려 감싼 뒤 양쪽 끝을 사탕처럼 비틀어 고정한다. 반으로 자르고 접시에 담는다.

TIP 크래미 대신 닭가슴살, 훈제오리, 참치를 넣어 만들어도 꿀맛이에요.

크래미샐러드또띠아피자

READY

통밀또띠아 1장

크래미 5개

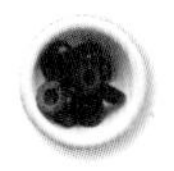
블랙올리브 4알

방울토마토 3개

어린잎채소 3줌(30g)

저지방 크림치즈 1큰술

파르메산 치즈가루 약간

크러쉬드레드페퍼홀 약간

먹기 힘들었던 어린잎채소의 화려한 변신

HOW TO MAKE

1 달군 팬에 통밀또띠아를 넣고 앞뒤로 10초간 굽는다.

2 크래미는 손으로 잘게 찢고, 방울토마토와 블랙올리브는 반으로 자른다.

3 접시에 구운 통밀또띠아를 담고 그 위에 저지방 크림치즈를 얇게 펴 바른다.

4 통밀또띠아 위에 어린잎채소, 크래미, 방울토마토, 블랙올리브를 순서대로 올리고 크러쉬드레드페퍼홀과 파르메산 치즈가루를 뿌린다.

TIP 반으로 잘라 손으로 돌돌 말아서 먹거나, 포크와 나이프를 이용해 썰어 먹어요.

훈제연어스시부리또

READY

   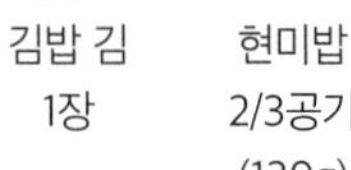         

김밥 김	현미밥	훈제연어	스트링 치즈	아보카도	빨강·노랑 파프리카	오이	당근	적채	식초	알룰로스 설탕	소금
1장	2/3공기 (130g)	60g	1개	1/2개	1/7개씩(30g)	1/6개 (20g)	1+1/2개 (15g)	1+1/2장 (15g)	1/2큰술	2꼬집	2꼬집

연어의 맛을 최대로 끌어올리고 칼로리는 최소화한 꿀팁 요리

HOW TO MAKE

1 오이는 돌려 깎아 씨 부분을 제거한 뒤 채 썰고, 아보카도, 빨강·노랑 파프리카, 당근, 적채는 길게 채 썬다.

2 볼에 현미밥을 담은 뒤 식초, 알룰로스설탕, 소금을 넣고 잘 섞는다.

3 김발 위에 김밥 김을 올리고 양념한 밥을 얇게 펼친 뒤 스트링 치즈, 훈제연어, 아보카도, 빨강·노랑 파프리카, 당근, 오이, 적채를 나란히 올린다.

4 김밥 김의 양쪽 끝을 잇는다는 느낌으로 돌돌 말아 감싸 훈제연어스시부리또를 만든다.

5 도마에 랩을 깔고 훈제연어스시부리또를 가로로 올린 뒤 안에 있는 공기를 빼듯 살짝 눌러가며 세 번 랩핑한다.

6 도마에 유산지를 깔고 훈제연어스시부리또를 올려 감싼 뒤 양쪽 끝을 사탕처럼 비틀어 고정한다. 반으로 자르고 도시락 용기에 담는다.

TIP 훈제연어 대신 생연어를 넣어 만들면 색다르게 맛있어요.

Good Evening!

이제는 굶지 마세요

저녁 한 그릇

빠른 감량을 위해 저녁을 거르는 다이어터들이 정말 많아요. 하지만 극단적인 음식 섭취 제한은 요요와 폭식을 부를 뿐이에요. 전부 경험해본 제가 당부하고 싶은 이야기는 다이어트 중에도 반드시 아침, 점심, 저녁 삼시 세끼를 챙겨 먹어야 한다는 것! 비교적 여유 있는 저녁 시간인 만큼, 요리하는 즐거움은 물론 하루를 마무리하기 좋은 다양한 한 그릇 메뉴들로 구성했어요. 닭가슴살로 직접 만드는 패티, 오븐을 십분 활용하는 에그슬럿이나 프리타타, 속이 꽉 찬 퀘사디아 같은 근사한 요리들이 총출동했답니다.
이렇게 맛있는 요리를 먹으면서 살을 뺄 수 있는지 묻는 분들도 있었어요. 자세히 보면 단백질 함량이 매우 높고 탄수화물은 많이 줄이거나 다른 재료로 대체해 개발한 레시피들이에요. 밤이면 생각나는 배달 음식의 유혹을 떨쳐버리고 직접 만들어 먹는 건강한 음식으로 식습관을 변화시킬 수 있도록 도와드릴게요.

닭가슴살롤스테이크

READY

 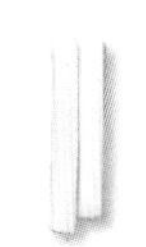       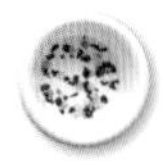 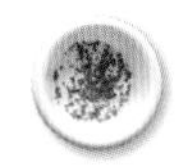

생닭가슴살	스트링치즈	쪽파	느타리버섯	당근	올리브유	소금	후춧가루	크러쉬드레드페퍼홀	파슬리가루
2쪽(200g)	2개	4줄기	1/2줌(30g)	1/10개(20g)	1큰술	2꼬집	약간	약간	약간

1

3

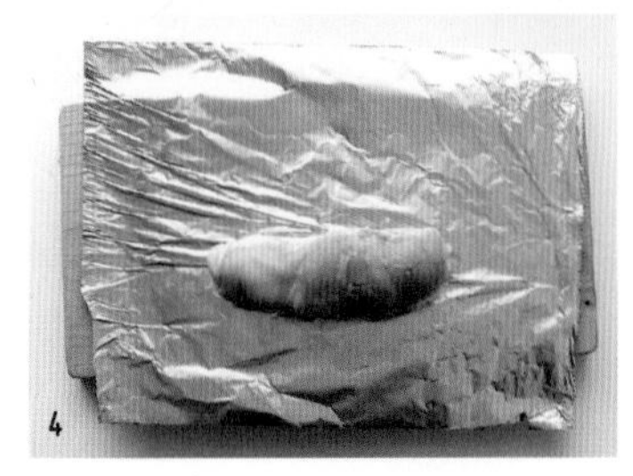
4

5

HOW TO MAKE

1 느타리버섯은 밑동을 잘라내고 한입 크기로 찢는다. 당근과 쪽파는 같은 크기로 채 썬다.

2 생닭가슴살은 칼등으로 두드려 평평하게 만들고 소금과 후추를 뿌려 밑간한다.

3 도마에 밑간한 닭가슴살을 잘 펴서 올리고 느타리버섯, 당근, 쪽파, 스트링 치즈를 올린 뒤 돌돌 말아 감싼다.

4 도마에 쿠킹호일을 깔고 올리브유를 뿌린 뒤 닭가슴살롤을 올리고 돌돌 말아 잘 감싼다.

5 달군 팬에 쿠킹호일로 싼 닭가슴살롤을 올린 뒤 뚜껑을 덮고 중약불에서 15분간 굽고 한 김 식힌다.

6 구운 닭가슴살롤을 한입 크기로 썰어 접시에 담고 크러쉬드레드페퍼홀과 파슬리가루를 뿌린다.

TIP 냉동된 닭가슴살은 만들기 전날 냉장고에 넣어 미리 해동하는 것이 좋아요. 차가워도 식감이 부드럽고, 잡내가 덜한 냉장 닭가슴살을 추천해요.

두부달걀볶음밥

READY

현미밥 2/3공기(130g)

두부 1/2모(150g)

달걀 1개

쪽파 2줄기

당근 1/10개(20g)

굴소스 1큰술

올리브유 1큰술

후춧가루 약간

크러쉬드레드페퍼홀 약간

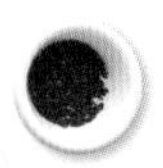
통깨 약간

두부와 달걀로 부족한 단백질을 채워요

HOW TO MAKE

1 쪽파는 송송 썰고 당근은 잘게 다진다.

2 두부는 칼등으로 으깬다.

3 작은 볼에 달걀을 깨트려 넣고 젓가락으로 잘 섞어 달걀물을 만든다.

4 달군 팬에 으깬 두부를 넣고 중약불에서 볶아 수분을 제거한다.

5 팬에 올리브유 1/2큰술을 두르고 두부, 쪽파, 당근을 넣어 볶는다.

6 볶은 재료들을 팬 한쪽으로 밀어낸 뒤 빈 공간에 올리브유 1/2큰술을 두르고 달걀물을 부어 스크램블에그를 만든다.

7 현미밥과 굴소스, 후춧가루를 넣고 약한 불에서 잘 섞으며 볶는다.

8 접시에 옮겨 담고 크러쉬드레드페퍼홀과 통깨를 뿌린다.

TIP 볶음밥이 질척해질 수 있으니 두부는 꼭 기름기 없는 팬에 볶아 수분을 날린 뒤 만들어요.

아보카도버거

READY

완조리닭가슴살 1쪽(100g)

슬라이스 치즈 1장

아보카도 1개(200g)

빨강·노랑 파프리카 1/4개씩(50g)

적양파 1/10개(20g)

어린잎채소 1줌

올리브유 1큰술

발사믹식초 1큰술

햄프씨드 약간

크러쉬드레드페퍼홀 약간

햄버거보다 예쁘고 포만감 가득한 그린 버거

HOW TO MAKE

1 적양파는 얇게 슬라이스하고 찬물에 10분간 담가 매운맛을 뺀 뒤 키친타월에 올려 물기를 제거한다.

2 빨강·노랑 파프리카는 채 썰고, 닭가슴살은 손으로 잘게 찢는다.

3 아보카도는 반으로 잘라 씨와 껍질을 제거한다.

4 버거의 아랫면이 될 아보카도의 둥근 부분을 칼로 잘라 평평하게 만들어 접시에 올린다.

5 아보카도의 오목한 씨 부분에 올리브유와 발사믹식초를 담는다.

6 아보카도 위에 슬라이스 치즈, 어린잎채소, 빨강·노랑 파프리카, 적양파, 닭가슴살을 순서대로 올린다.

7 나머지 아보카도를 위에 덮고 햄프씨드와 크러쉬드레드페퍼홀을 뿌린다.

TIP 아보카도를 포크로 으깨며 안의 재료들과 섞어 먹어보세요.

소고기채소꼬치구이

READY

 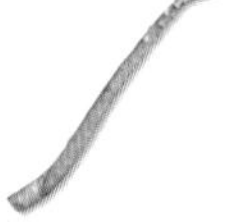      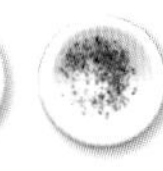 

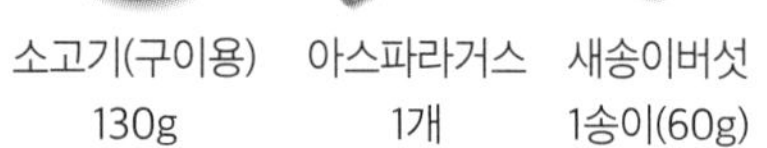

소고기(구이용)	아스파라거스	새송이버섯	빨강·노랑 파프리카	가지	양파	올리브유	소금	후춧가루	크러쉬드레드페퍼홀
130g	1개	1송이(60g)	1/4개씩(50g)	1/4개(30g)	1/7개(30g)	1큰술	2꼬집	약간	약간

캠핑장에서 뚝딱 만들어 구우면 인기 만점

1

3

HOW TO MAKE

1 소고기, 빨강·노랑 파프리카, 양파, 가지, 새송이버섯, 아스파라거스는 모두 비슷하게 한입 크기로 썬다.

2 나무 꼬치에 손질한 채소와 소고기를 하나씩 꽂고 소금과 후춧가루를 뿌려 밑간한다.

3 팬에 올리브유를 두르고 꼬치를 넣어 앞뒤로 노릇노릇하게 굽는다.

4 접시에 옮겨 담고 크러쉬드레드페퍼홀을 뿌린다.

TIP 발사믹 글레이즈를 뿌려 먹어도 잘 어울려요.

떠먹는단호박피자

READY

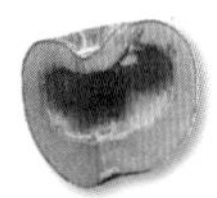

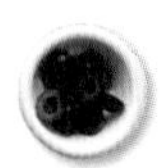

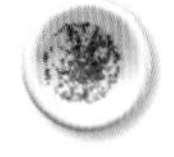

단호박	크래미	달걀	블랙올리브	모차렐라 치즈	토마토소스	크러쉬드레드페퍼홀	파슬리가루
1/4개(150g)	3개	1개	3알	1큰술	1큰술	약간	약간

건강한 탄수화물로 피자 도우를 대체해요

HOW TO MAKE

1 단호박은 껍질을 벗기고 깍둑 썬 뒤 내열 용기에 담고 랩을 씌워 구멍을 군데군데 낸 다음 전자레인지에 넣고 3분간 익힌다.

2 크래미는 손으로 찢고, 블랙올리브는 가로로 슬라이스한다.

3 큰 볼에 익힌 단호박을 담고 포크로 잘 으깬다.

4 납작한 접시에 으깬 단호박을 평평하게 펴 바른다.

5 으깬 단호박의 가운데 부분을 남기고 토마토소스를 얇게 펴 바른다.

6 크래미, 모차렐라 치즈, 블랙올리브를 순서대로 올리고 가운데 부분에 달걀을 깨트려 올린다.

7 포크나 이쑤시개로 달걀노른자를 한 번 찌른 뒤 전자레인지에 넣고 5분간 익힌다. 크러쉬드레드페퍼홀과 파슬리가루를 뿌린다.

TIP 단호박 대신 고구마나 감자로, 크래미 대신 닭가슴살, 참치, 오리고기로 대체하면 무한 변신이 가능해요!

양배추참치두부롤

READY

       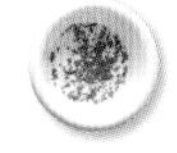

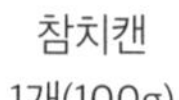

참치캔	두부	양배추	방울토마토	양파	토마토소스	올리브유	굴소스	후춧가루	파슬리가루
1개(100g)	1/3모(100g)	5장(150g)	4개	1/5개(30g)	2큰술	1큰술	1/2큰술	약간	약간

비타민과 식이섬유, 단백질로 가득 채운 영양 한 쌈

HOW TO MAKE

1 양배추는 비닐봉지에 담고 구멍을 내 전자레인지에 넣어 3분간 익힌다.

2 두부는 끓는 물에 넣어 데친 뒤 면보에 짜서 물기를 제거한다. 참치는 체에 밭쳐 기름기를 제거한다.

3 방울토마토는 반으로 자르고, 양파는 작게 깍둑 썬다.

4 볼에 참치와 두부를 담고 포크로 으깨며 잘 섞는다.

5 도마에 양배추를 펼치고 칼 옆면으로 줄기를 툭툭 내려쳐 평평하게 만든다. 으깬 참치두부를 한입 크기로 동그랗게 뭉쳐 올린 뒤 돌돌 말아 감싸고 끝부분을 이쑤시개로 고정해 양배추참치두부롤을 만든다.

6 팬에 올리브유를 두르고 양파를 볶다가 색이 투명해지면 방울토마토, 토마토소스, 굴소스, 물 5큰술, 후춧가루를 넣어 소스를 만든다.

7 소스가 끓어오르면 약한 불로 줄인 뒤 양배추참치두부롤을 넣고 소스를 고루 끼얹으며 졸인다. 접시에 담고 파슬리가루를 뿌린다.

TIP 참치 대신 볶은 소고기나 닭가슴살을 활용해도 좋답니다.

고구마닭가슴살퀘사디아

READY

통밀또띠아
1장

완조리닭가슴살
1쪽(100g)

고구마
1개(130g)

방울토마토
3개

어린잎채소
1줌

플레인 요거트
1큰술

스리라차소스
1큰술

맛있어서 자꾸 해 먹게 된다는 전설의 다이어트 퀘사디아

HOW TO MAKE

1 고구마는 껍질을 벗기고 깍둑 썬 뒤 내열 용기에 담고 랩을 씌워 구멍을 군데군데 낸 다음 전자레인지에 넣고 3분간 익힌다.

2 닭가슴살은 잘게 다진다.

3 익힌 고구마에 닭가슴살, 플레인 요거트를 넣고 잘 섞어 고구마닭가슴살페이스트를 만든다.

4 통밀또띠아 위에 고구마닭가슴살페이스트를 반달 모양으로 올린다.

5 통밀또띠아를 반으로 접고 달군 팬에 넣어 앞뒤로 노릇노릇하게 구워 고구마닭가슴살퀘사디아를 만든다.

6 고구마닭가슴살퀘사디아를 3등분해 접시에 담고 스리라차소스를 뿌린다. 방울토마토와 어린잎채소를 곁들인다.

TIP 고구마 대신 단호박이나 아보카도를 활용해도 맛있어요.

Good Evening
• BEST •
08

스테이크샐러드덮밥

READY

현미밥 2/3공기(130g)	소고기(구이용) 130g	적양파 1/7개(30g)	어린잎채소 1줌(20g)	올리브유 1큰술	간장 1큰술	알룰로스설탕 1큰술	굴소스 1/2큰술	소금 2꼬집	후춧가루 약간

HOW TO MAKE

1 소고기는 소금, 후춧가루를 뿌려 밑간한다.

2 적양파는 얇게 슬라이스하고 찬물에 10분간 담가 매운맛을 뺀다.

3 작은 그릇에 굴소스, 간장, 물 3큰술, 알룰로스설탕을 담은 뒤 전자레인지에 넣고 2분간 돌려 양념장을 만든다.

4 팬에 올리브유를 두르고 소고기를 넣어 센 불에서 앞뒤로 굽는다.

5 구운 소고기는 한 김 식힌 뒤 먹기 좋은 크기로 썬다.

6 볼에 현미밥을 담은 뒤 양념장을 촉촉하게 뿌리고 소고기, 적양파, 어린잎채소를 올린다.

TIP 고추냉이를 곁들여 먹으면 식당에서 파는 요리보다 맛있어요.

아보카도&훈제연어오픈샌드위치

READY

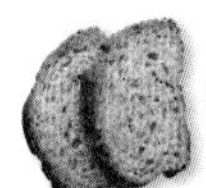								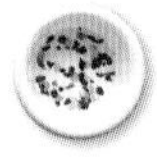	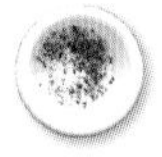
통밀빵 2장	훈제연어 50g	달걀 1개	아보카도 1/2개(100g)	적양파 1/8개(15g)	어린잎채소 1줌	저지방 크림치즈 2큰술	올리브유 1큰술	크러쉬드레드페퍼홀 약간	통후추 약간

훈제연어와 아보카도의 쫄깃하고 부드러운 식감 파티

HOW TO MAKE

1 냄비에 물을 붓고 달걀을 넣어 완숙으로 삶는다. 삶은 달걀은 껍질을 벗긴 뒤 에그 슬라이서로 동그란 모양을 살려 자른다.

2 적양파는 얇게 슬라이스하고 찬물에 10분간 담가 매운맛을 뺀 뒤 키친타월에 올려 물기를 제거한다.

3 아보카도는 반으로 잘라 씨와 껍질을 제거한 뒤 5~6조각으로 슬라이스한다.

4 달군 팬에 통밀빵을 넣어 앞뒤로 굽는다.

5 구운 통밀빵에 저지방 크림치즈를 얇게 펴 바른 뒤 아보카도와 훈제연어를 번갈아 올린다.

6 적양파, 삶은 달걀을 올리고 접시에 담은 뒤 올리브유, 크러쉬드레드페퍼홀, 통후추를 뿌린다. 어린잎채소를 곁들인다.

TIP 훈제연어 대신 생연어를 올려도 무방해요.

닭가슴살팟타이

READY

    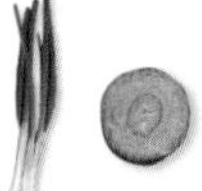      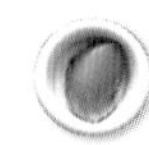  

- 쌀국수 40g
- 완조리 닭가슴살 1쪽(100g)
- 달걀 1개
- 숙주 1/2봉지 (100g)
- 마늘 6쪽
- 쪽파 3줄기
- 당근 1/9개 (30g)
- 양파 1/4개 (30g)
- 견과류 1줌 (10g)
- 올리브유 3큰술
- 참치액 1큰술
- 알룰로스 설탕 1큰술
- 땅콩버터 1/2큰술
- 굴소스 1/2큰술
- 크러쉬드 레드페퍼홀 약간

HOW TO MAKE

1 쌀국수는 찬물에 10분간 담가 불린다.

2 마늘은 얇게 슬라이스하고, 쪽파는 송송 썰고, 양파와 당근은 채 썬다.

3 닭가슴살은 손으로 잘게 찢는다.

4 작은 볼에 땅콩버터, 참치액, 굴소스, 물 3큰술, 알룰로스설탕을 넣고 잘 섞어 소스를 만든다.

5 다른 볼에 달걀을 깨트려 넣고 잘 섞어 달걀물을 만든다. 작은 팬에 올리브유 1큰술을 두르고 달걀물을 부어 스크램블에그를 만든다.

6 큰 팬에 올리브유 2큰술을 두르고 쪽파, 마늘을 넣고 볶아서 향을 낸 뒤 당근, 양파를 넣고 센 불에서 살짝 볶다가 약한 불로 줄인다.

7 쌀국수, 닭가슴살, 소스를 넣고 쌀국수에 소스가 밸 때까지 볶는다.

8 스크램블에그, 숙주를 넣고 살짝 볶은 뒤 접시에 담고 크러쉬드레드페퍼홀과 견과류를 뿌린다.

TIP 참치액 대신 멸치액젓도 가능하지만 거부감이 든다면 생략해도 괜찮아요.

크래미에그피자

READY

크래미
3개

달걀
2개

방울토마토
3개

블랙올리브
3알

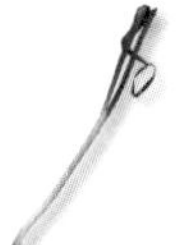
쪽파
1줄기

당근
1/10개(20g)

어린잎채소
약간

토마토소스
2큰술

올리브유
1큰술

파르메산 치즈가루
약간

단백질 피자 마음껏 먹고 얼굴도 활짝 피자

HOW TO MAKE

1 쪽파와 당근은 잘게 다지고, 크래미는 손으로 찢는다.

2 볼에 달걀을 깨트려 넣고 쪽파, 당근을 넣은 뒤 젓가락으로 잘 섞어 달걀물을 만든다.

3 방울토마토는 반으로 썰고, 블랙올리브는 동그란 모양을 살려 슬라이스한다.

4 팬에 올리브유를 두르고 달걀물을 부은 뒤 약한 불에서 익혀 동그랗고 얇은 달걀부침을 만든다.

5 한 김 식힌 달걀부침을 접시에 담고 테두리 안쪽에 토마토소스를 얇게 펴 바른다.

6 달걀부침 위에 크래미, 방울토마토, 블랙올리브를 올린다.

7 가운데에 어린잎채소를 올리고 파르메산 치즈가루를 뿌린다.

TIP 크래미 대신 닭가슴살을 찢어 올리면 닭가슴살에그피자가 된답니다.

연두부새우덮밥

READY

         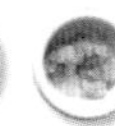   

현미밥	자숙새우	연두부	달걀	쪽파	방울 토마토	양파	올리브유	참기름	간장	설탕	굴소스	다진 마늘	전분가루	후춧가루	통깨
2/3공기 (130g)	10마리 (50g)	1팩 (130g)	1개	1줄기	1개	1/4개 (50g)	2큰술	1큰술	1큰술	1큰술	1/2큰술	1/3큰술	1/3큰술	약간	약간

야심한 밤 중화요리가 생각날 때 딱이에요

HOW TO MAKE

1 자숙새우는 찬물에 담가 해동한 뒤 키친타월에 올려 물기를 제거한다.
2 쪽파는 송송 썰고, 양파는 작게 깍둑 썬다. 연두부는 큼직하게 깍둑 썬다.
3 볼에 굴소스, 간장, 물 5큰술, 전분가루, 설탕, 다진 마늘을 넣고 잘 섞어 소스를 만든다.
4 작은 팬에 올리브유 1큰술을 두르고 달걀을 넣어 반숙으로 프라이한다.
5 큰 팬에 올리브유 1큰술을 두르고 쪽파를 넣어 파기름을 낸 뒤 양파, 새우를 넣고 양파가 투명해질 때까지 볶는다.
6 연두부, 소스를 넣고 살살 뒤적이며 졸인다. 마지막에 참기름, 후춧가루, 통깨를 넣고 살짝 뒤적인 뒤 불을 꺼 연두부새우볶음을 만든다.
7 볼에 현미밥, 연두부새우볶음, 달걀프라이를 담고 방울토마토를 2등분해 올린다.

TIP 새우 대신 오징어나 관자 등 다른 해산물로 대체해보세요. 연두부가 없다면 찌개용 두부를 사용해도 괜찮아요.

고구마두부스테이크

READY

두부
1/2모(150g)

고구마
1개(100g)

빨강·노랑 파프리카
1/4개씩(50g)

올리브유
1큰술

소금
2꼬집

통깨
약간

담백한 두부로 목표 체중에 한 걸음 더 가까워져요

HOW TO MAKE

1 고구마는 껍질을 벗기고 깍둑 썬 뒤 내열 용기에 담고 랩을 씌워 구멍을 군데군데 낸 다음 전자레인지에 넣고 3분간 익힌다.

2 두부는 끓는 물에 데친 뒤 면보에 감싸고 살짝 짜서 물기를 제거한다.

3 빨강·노랑 파프리카는 최대한 잘게 다진다.

4 볼에 고구마, 두부, 빨강·노랑 파프리카, 소금, 통깨를 넣고 숟가락으로 으깨며 잘 섞는다.

5 손으로 동그랗게 모양을 잡아 스테이크 반죽을 만든다.

6 달군 팬에 올리브유를 두르고 스테이크 반죽을 넣어 약한 불에서 앞뒤로 노릇노릇하게 구운 뒤 접시에 담는다.

TIP 더 단단하게 뭉치는 식감을 원한다면 찹쌀가루 1큰술을 넣고 만드세요. 발사믹 글레이즈를 뿌려 먹어도 좋아요.

단호박닭가슴살에그슬럿

READY

완조리닭가슴살
1/2쪽(50g)

달걀
1개

슬라이스 치즈
1장

단호박
1/5개(130g)

크러쉬드레드페퍼홀
약간

파슬리가루
약간

늦은 시간 끼니를 챙겨야 한다면 이것!

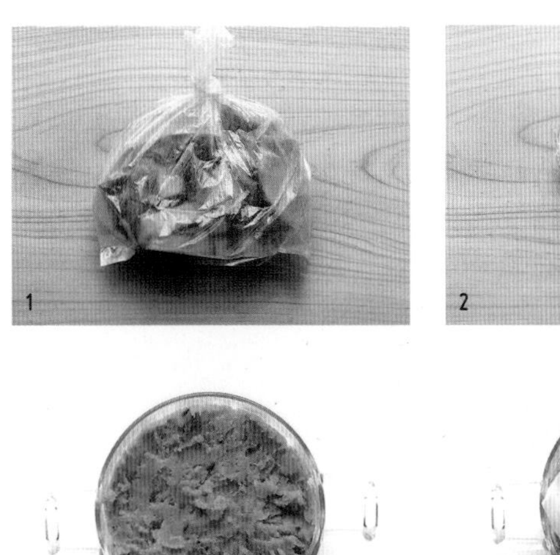

HOW TO MAKE

1. 단호박은 껍질을 벗기고 깍둑 썬 뒤 비닐봉지에 담고 구멍을 낸 다음 전자레인지에 넣고 3분간 익힌다.
2. 닭가슴살은 손으로 잘게 찢는다.
3. 볼에 익힌 단호박을 담고 포크로 으깨며 잘 섞는다.
4. 밑이 깊은 그릇에 닭가슴살, 으깬 단호박을 순서대로 담는다.
5. 으깬 단호박 위에 슬라이스 치즈를 올리고 달걀을 깨트려 올린다.
6. 포크로 노른자를 한 번 찌른 뒤 전자레인지에서 3분간 익히고 크러쉬드레드페퍼홀, 파슬리가루를 뿌린다.

TIP 단호박 대신 고구마로 대체해도 맛있어요. 달걀은 개인 취향에 따라 반숙 혹은 완숙으로 익혀 먹도록 해요.

소고기가지초밥

READY

현미밥 2/3공기(130g)	소고기(구이용) 100g	쪽파 2줄기	방울토마토 1개	가지 1/3개(40g)	양파 1/9개(30g)	어린잎채소 1줌	식초 1큰술	알룰로스설탕 1/2큰술	소금 3꼬집

다이어터에게도 가끔은 행복한 맛이 필요해요

1

4

5

7

HOW TO MAKE

1 양파는 얇게 채 썬 뒤 찬물에 10분간 담가 매운맛을 뺀다.

2 쪽파는 송송 썬다.

3 볼에 현미밥을 담은 뒤 식초, 소금, 알룰로스설탕을 넣고 골고루 섞어 양념한다.

4 손에 물이나 참기름을 살짝 바른 뒤 양념한 밥을 한입 크기로 뭉친다.

5 소고기와 가지는 밥보다 길게 어슷 썬다.

6 달군 팬에 소고기, 가지를 넣고 앞뒤로 굽는다.

7 밥 위에 가지와 소고기를 순서대로 올리고 손으로 살짝 눌러 고정해 소고기가지초밥을 만든다.

8 접시에 소고기가지초밥을 담고 양파, 쪽파를 올린다. 방울토마토와 어린잎채소를 곁들인다.

TIP 소고기는 살짝만 구워서 먹으면 연한 식감을 즐길 수 있어요. 기호에 따라 간장이나 고추냉이를 곁들여 먹어도 좋아요.

훈제연어채소롤

READY

훈제연어
150g

빨강·노랑 파프리카
1/3개씩(80g)

부추
25줄기(50g)

적양파
1/4개(30g)

저지방 크림치즈
1큰술

플레인 요거트
1큰술

파슬리가루
약간

맛있는 훈제연어와 다양한 채소가 입안 가득 씹히는 별미

HOW TO MAKE

1 적양파는 얇게 슬라이스하고 찬물에 10분간 담가 매운맛을 뺀 뒤 키친타월에 올려 물기를 제거한다.

2 빨강·노랑 파프리카는 길게 채 썰고 부추는 같은 길이로 썬다.

3 작은 볼에 저지방 크림치즈, 플레인 요거트를 넣고 잘 섞어 소스를 만든다.

4 도마에 훈제연어를 깔고 그 위에 부추, 빨강·노랑 파프리카, 적양파를 순서대로 겹쳐 올린다.

5 훈제연어를 돌돌 말아 감싸 훈제연어채소롤을 만든다.

6 접시에 훈제연어채소롤을 담고 소스, 파슬리가루를 뿌린다.

TIP 연어 속에 들어가는 재료는 냉장고에 남은 자투리 채소를 활용해보세요.

닭가슴살카레주먹밥

READY

현미밥
2/3공기(130g)

완조리닭가슴살
1쪽(100g)

쪽파
4줄기

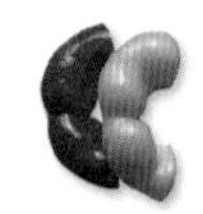
빨강·노랑 파프리카
1/4개씩(50g)

올리브유
1큰술

카레가루
1큰술

통깨
약간

체중 감량에 효과적인 강황으로 풍미 UP!

HOW TO MAKE

1 쪽파는 송송 썰고, 빨강·노랑 파프리카와 닭가슴살은 잘게 다진다.

2 팬에 올리브유를 두르고 쪽파, 빨강·노랑 파프리카, 닭가슴살을 넣은 뒤 중간 불에서 3분간 볶고 불을 줄인다.

3 현미밥, 카레가루, 통깨를 넣고 약한 불에서 잘 섞으며 볶은 뒤 한 김 식힌다.

4 볶음밥을 한입 크기로 뭉쳐 주먹밥을 만들고 접시에 담는다.

TIP 닭가슴살 대신 참치나 훈제오리 등으로 대체해도 맛있어요.

Good Evening
• BEST •
18

과콰몰리에그토스트

READY

통밀식빵 1장

달걀 1개

슬라이스 치즈 1장

아보카도 1/2개

토마토 1/6개(30g)

적양파 1/8개(15g)

올리브유 1큰술

레몬즙 1/2큰술

소금 1꼬집

크러쉬드레드페퍼홀 약간

후춧가루 약간

HOW TO MAKE

1 냄비에 물을 붓고 달걀을 넣은 뒤 한쪽 방향으로 저으며 센 불에서 10분간 삶는다. 삶은 달걀은 껍질을 벗긴 뒤 에그 슬라이서로 동그란 모양을 살려 자른다.

2 달군 팬에 통밀식빵을 넣어 앞뒤로 굽는다.

3 아보카도는 반으로 잘라 씨와 껍질을 제거한다. 토마토, 적양파는 잘게 다진다.

4 볼에 아보카도와 토마토, 적양파, 올리브유, 레몬즙, 소금을 넣고 숟가락으로 으깨며 잘 섞어 과콰몰리를 만든다.

5 구운 통밀식빵 위에 슬라이스 치즈, 과콰몰리, 삶은 달걀을 순서대로 올린다. 접시에 옮겨 담고 크러쉬드레드페퍼홀, 후춧가루를 뿌린다.

TIP 달걀은 수란이나 달걀프라이로 대체해도 좋아요.

참치또띠아피자

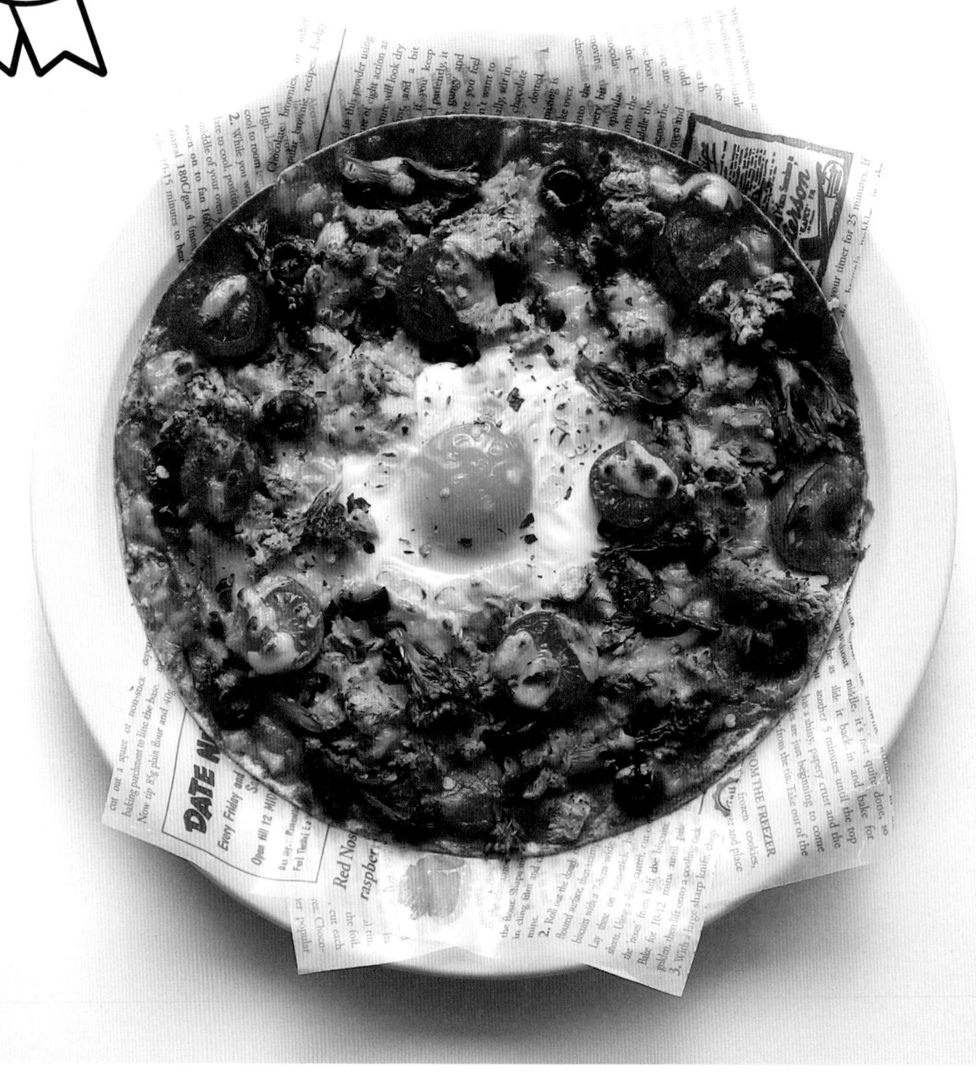

READY

통밀또띠아 1장

참치캔 1개(100g)

달걀 1개

방울토마토 4개

블랙올리브 3알

브로콜리 1/14개(15g)

모차렐라 치즈 1큰술

토마토소스 1큰술

크러쉬드레드페퍼홀 약간

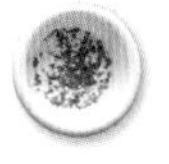
파슬리가루 약간

생각보다 만들기 간단하고 먹기 편해요

HOW TO MAKE

1 참치는 체에 밭쳐 기름기를 제거한다.

2 브로콜리는 끓는 물에 넣어 살짝 데친 뒤 작게 자른다. 방울토마토는 반으로 썰고 블랙올리브는 동그란 모양을 살려 슬라이스한다.

3 통밀또띠아 위에 토마토소스를 골고루 펴 바른다.

4 통밀또띠아의 가운데 부분을 남기고 참치, 브로콜리, 방울토마토, 블랙올리브, 모차렐라 치즈를 올린다.

5 가운데에 달걀을 깨트려 넣고 포크나 이쑤시개로 노른자를 두세 번 찌른 뒤 전자레인지에 넣어 3~4분간 익힌다.

6 접시에 담고 크러쉬드레드페퍼홀, 파슬리가루를 뿌린다.

TIP 오븐을 사용할 경우 190도로 예열된 오븐에 5~6분간 익혀요.

단호박닭가슴살볼

READY

완조리닭가슴살
1쪽(100g)

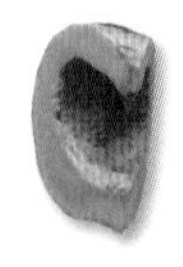

단호박
1/5개(130g)

견과류
1줌(20g)

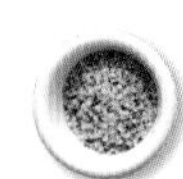

햄프씨드
1큰술

콩가루
1/2큰술

HOW TO MAKE

1 단호박은 껍질을 벗기고 깍둑 썬 뒤 내열 용기에 담고 랩을 씌워 구멍을 군데군데 낸 다음 전자레인지에 넣고 3분간 익힌다.
2 닭가슴살, 견과류는 잘게 다진다.
3 볼에 단호박, 닭가슴살, 견과류, 햄프씨드, 콩가루를 넣고 숟가락으로 으깨며 잘 섞는다.
4 한입 크기로 동그랗게 빚어 접시에 담는다.

TIP 단호박은 깨끗이 씻어서 껍질째 만들어도 좋아요. 껍질을 제거하기 힘들다면 전자레인지에 살짝 돌려보세요. 손질하기 훨씬 좋은 상태가 됩니다.

양배추오믈렛

READY

통밀빵
1장

달걀
2개

양배추
4장(100g)

방울토마토
3개

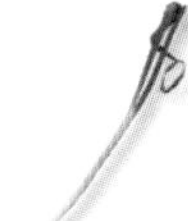
쪽파
1줄기

어린잎채소
1줌

올리브유
2큰술

소금
2꼬집

크러쉬드레드페퍼홀
약간

달걀과 양배추로 허했던 속이 따끈해져 잠도 잘 와요

HOW TO MAKE

1 쪽파는 송송 썰고 양배추는 얇게 채 썬다.

2 볼에 달걀을 깨트려 넣고 소금 1꼬집을 넣은 뒤 젓가락으로 잘 섞어 달걀물을 만든다.

3 달군 팬에 통밀빵을 넣어 앞뒤로 굽는다.

4 팬에 올리브유 1큰술을 두르고 양배추와 소금 1꼬집을 넣어 센 불에서 숨이 살짝 죽을 때까지 볶은 뒤 그릇에 덜어 한 김 식힌다.

5 다시 팬에 올리브유 1큰술을 두르고 달걀물을 붓는다. 달걀물이 반 정도 익으면 볶은 양배추를 한쪽에 올린다.

6 달걀물을 절반으로 접은 뒤 3분간 더 익혀 오믈렛을 만들고 접시에 담는다.

7 오믈렛 위에 쪽파, 크러쉬드레드페퍼홀을 뿌리고 통밀빵, 방울토마토, 어린잎채소를 곁들인다.

TIP 양배추 대신 냉장고에 남은 채소를 믹스해서 볶아 넣어도 좋아요.

닭불고기덮밥

READY

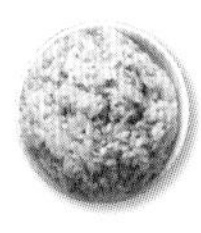           

현미밥	생닭가슴살	쪽파	양파	느타리버섯	당근	어린잎채소	올리브유	참기름	간장	알룰로스 설탕	다진 마늘	후춧가루
2/3공기 (130g)	1쪽(100g)	2줄기	1/9개 (30g)	1/2줌 (30g)	1/10개 (20g)	1줌	1큰술	1큰술	1큰술	1큰술	1/2큰술	약간

HOW TO MAKE

1 쪽파는 송송 썰고, 당근과 양파는 채 썬다. 느타리버섯은 밑동을 잘라 내고 한입 크기로 찢는다.

2 닭가슴살은 한입 크기로 썬다.

3 볼에 다진 마늘, 참기름, 간장, 알룰로스설탕, 후춧가루를 넣고 잘 섞은 뒤 닭가슴살을 넣어 골고루 양념이 배도록 밑간한다.

4 팬에 올리브유를 두른 뒤 쪽파를 넣고 볶아 파기름을 낸다.

5 밑간한 닭가슴살, 당근, 양파, 느타리버섯을 넣고 중약불에서 잘 섞으며 볶아 닭불고기를 만든 뒤 불을 끈다.

6 볼에 현미밥을 담고 닭불고기를 올린 뒤 통깨를 뿌리고 어린잎채소를 곁들인다.

TIP 전날 양념해두었다가 먹기 전에 바로 볶아 먹거나, 도시락으로 싸기에도 안성맞춤 레시피입니다.

참치두부프리타타

READY

    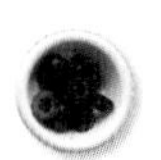     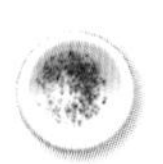  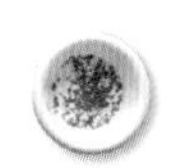

참치캔	두부	달걀	방울토마토	블랙올리브	표고버섯	브로콜리	올리브유	소금	후춧가루	크러쉬드레드페퍼홀	파슬리가루
1개(100g)	1/4모(70g)	2개	3개	3알	2송이(20g)	1/20개(10g)	1큰술	2꼬집	약간	약간	약간

고기 없이 단백질과 채소가 가득해 부담 없이 먹어도 돼요

HOW TO MAKE

1 브로콜리는 한입 크기로 잘라 끓는 물에 10초간 데친다.

2 건져낸 브로콜리는 차가운 물에 담가 식힌 뒤 체에 밭쳐 물기를 제거한다. 참치는 체에 밭쳐 기름기를 제거한다.

3 표고버섯, 두부, 브로콜리는 한입 크기로 썬다. 방울토마토는 반으로 자르고 블랙올리브는 동그란 모양을 살려 슬라이스한다.

4 볼에 달걀을 깨트려 넣고 참치, 소금, 후춧가루를 넣은 뒤 젓가락으로 잘 섞어 참치달걀물을 만든다.

5 납작한 팬에 올리브유를 두르고 참치달걀물을 부은 뒤 약한 불에서 반 정도 익으면 두부, 표고버섯, 방울토마토, 브로콜리, 블랙올리브를 올리고 190도로 예열된 오븐에 넣어 8~10분간 굽는다.

6 크러쉬드레드페퍼홀과 파슬리가루를 뿌린다.

TIP 오븐이 없다면 팬에 뚜껑을 덮은 뒤 약한 불에서 10~15분간 익히면 돼요.

아보카도샐러드피자

READY

통밀또띠아
1장

자숙새우
10마리(50g)

방울토마토
3개

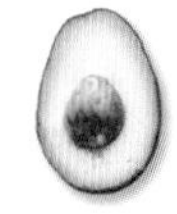
어린잎채소
2줌

아보카도
1개(200g)

저지방 크림치즈
1큰술

올리브유
1/2큰술

파르메산 치즈가루
약간

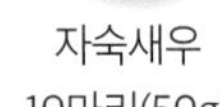
크러쉬드레드페퍼홀
약간

저녁 시간 손님을 초대했을 때에도 안성맞춤

HOW TO MAKE

1 달군 팬에 통밀또띠아를 넣고 앞뒤로 10초간 굽는다.

2 자숙새우는 찬물에 담가 해동한 뒤 키친타월에 올려 물기를 제거한다.

3 팬에 올리브유를 두르고 자숙새우를 넣어 앞뒤로 굽는다.

4 아보카도는 반으로 잘라 씨와 껍질을 제거한다. 칼끝으로 아보카도를 얇게 슬라이스한 뒤 손가락으로 톡톡 두드려 길게 겹쳐 펼친다. 방울토마토는 반으로 자른다.

5 구운 통밀또띠아를 접시에 담고 저지방 크림치즈를 얇게 펴 바른다.

6 통밀또띠아 위에 어린잎채소, 아보카도, 자숙새우, 방울토마토를 순서대로 올린 뒤 파르메산 치즈가루와 크러쉬드레드페퍼홀을 뿌린다.

TIP 취향에 따라 발사믹 글레이즈를 뿌려 먹어도 맛있어요.

고구마사과닭가슴살또띠아롤

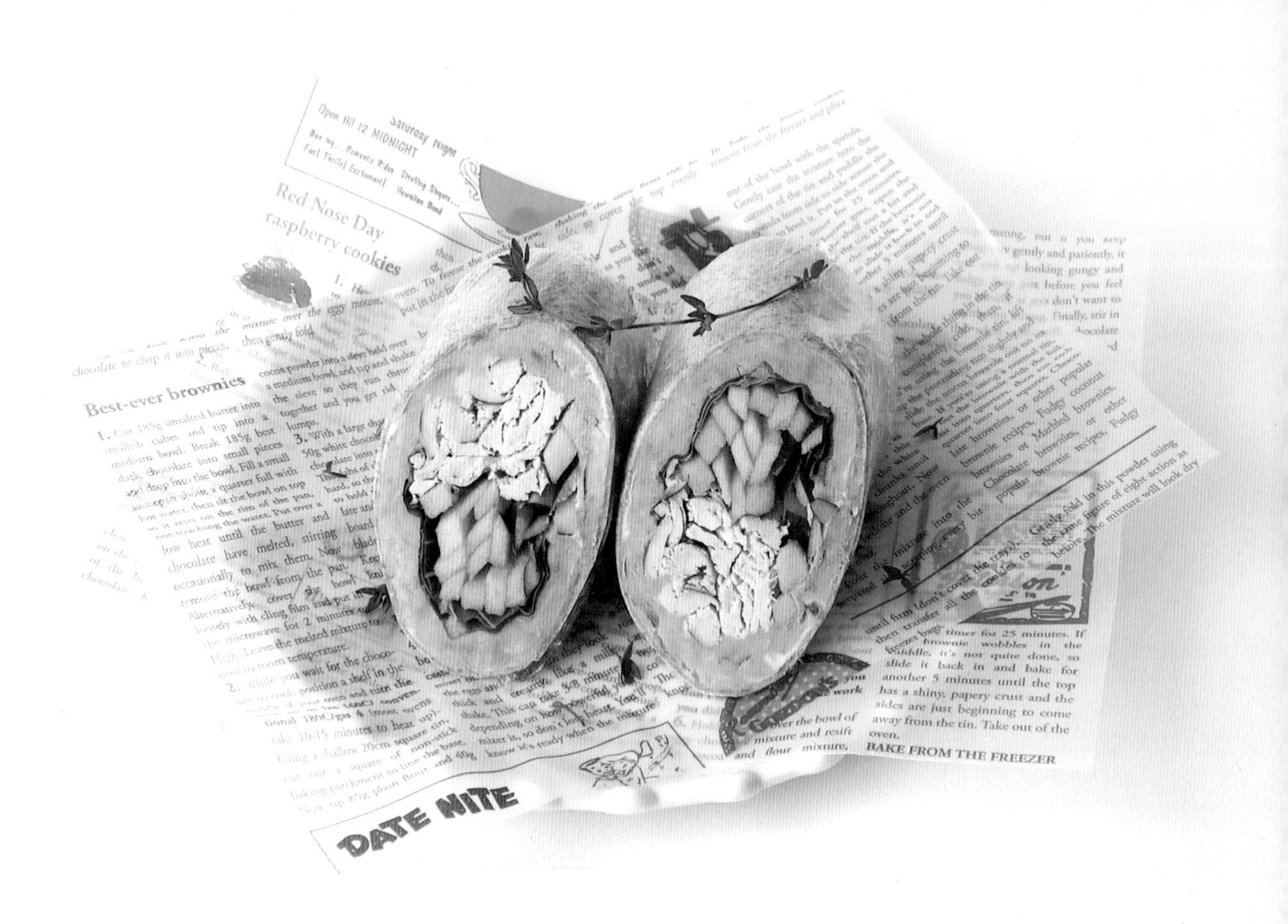

READY

통밀또띠아 1장

완조리닭가슴살 1쪽(100g)

케일 3장

고구마 1개(130g)

사과 1/4개(50g)

저지방 크림치즈 1큰술

플레인 요거트 1큰술

사과의 아삭한 식감과 단맛이 고구마, 닭가슴살과 찰떡 궁합

HOW TO MAKE

1 고구마는 껍질을 벗기고 깍둑 썬 뒤 내열 용기에 담고 랩을 씌워 구멍을 군데군데 낸 다음 전자레인지에 넣고 3분간 익힌다.

2 사과는 길게 채 썰고, 닭가슴살은 손으로 잘게 찢는다.

3 통밀또띠아는 달군 팬에 넣고 앞뒤로 살짝 굽는다.

4 볼에 고구마, 플레인 요거트를 넣고 숟가락으로 으깨며 잘 섞는다.

5 통밀또띠아에 저지방 크림치즈를 얇게 펴 바른 뒤 으깬 고구마를 잘 펴서 올린다.

6 으깬 고구마 위에 케일, 사과, 닭가슴살을 순서대로 올리고 끝과 끝을 잇는다는 느낌으로 돌돌 말아 감싸 또띠아롤을 만든다.

7 도마에 랩을 깔고 또띠아롤을 가로로 올린 뒤 안에 있는 공기를 빼듯 살짝 눌러가며 세 번 랩핑한다. 반으로 자르고 접시에 담는다.

TIP 케일 대신 다른 쌈채소를 이용해도 무방해요.

오징어새싹비빔밥

READY

			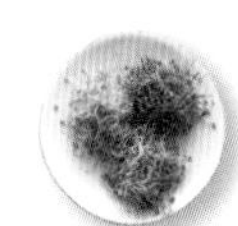						
오징어 1마리	현미밥 2/3공기(130g)	달걀 1개	새싹채소 50g	올리브유 2큰술	간장 1큰술	굴소스 1/2큰술	알룰로스설탕 1/2큰술	후춧가루 약간	크러쉬드레드페퍼홀 약간

타우린이 가득한 오징어를 맛있고 건강하게 먹는 법

HOW TO MAKE

1 오징어는 몸통과 다리를 분리한다. 몸통의 내장, 다리의 눈과 입을 제거한 뒤 가위로 몸통 양쪽에 2~3cm 간격으로 칼집을 낸다.

2 볼에 굴소스, 간장, 물 3큰술, 알룰로스설탕, 후춧가루를 넣고 골고루 섞은 뒤 오징어를 넣어 밑간한다.

3 작은 팬에 올리브유 1큰술을 두르고 달걀을 넣어 반숙으로 프라이한다.

4 큰 팬에 올리브유 1큰술을 두르고 밑간한 오징어를 넣어 중약불에서 졸이듯 굽는다.

5 접시에 현미밥을 담고 달걀프라이, 오징어, 새싹채소를 올린다. 크러쉬드레드페퍼홀을 뿌린다.

TIP 먹기 전에 오징어를 가위로 자르면 훨씬 편하게 먹을 수 있어요.

단호박에그샌드위치

READY

통밀식빵
2장

달걀
2개

청상추
5장

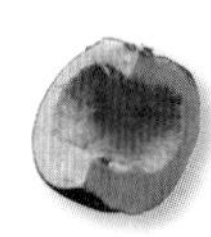
단호박
1/4개(150g)

플레인 요거트
1큰술

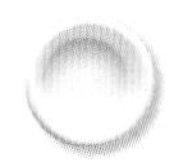
소금
1꼬집

포만감 최고의 비주얼 샌드위치

HOW TO MAKE

1 냄비에 물을 붓고 달걀 2개를 넣은 뒤 한쪽 방향으로 저으며 센 불에서 10분간 삶고 껍질을 벗긴다.

2 단호박은 껍질을 벗기고 깍둑 썬 뒤 내열 용기에 담고 랩을 씌워 구멍을 군데군데 낸 다음 전자레인지에 넣고 3분간 익힌다.

3 달군 팬에 통밀식빵을 넣어 앞뒤로 굽는다.

4 볼에 단호박, 삶은 달걀 1개, 플레인 요거트, 소금을 넣고 포크로 으깨며 잘 섞어 단호박페이스트를 만든다.

5 삶은 달걀 1개는 에그 슬라이서로 동그란 모양을 살려 자른다.

6 도마에 랩을 깔고 통밀식빵을 올린 뒤 슬라이스 치즈, 단호박페이스트, 컷팅한 삶은 달걀을 올린다.

7 청상추를 반으로 접어 올린다.

8 나머지 통밀식빵을 덮고, 랩으로 세 번 감싼 뒤 반으로 자른다.

TIP 샌드위치를 자를 때 삶은 달걀을 넣은 자리를 마스킹테이프로 표시해두면 찾기 쉬워요.

닭가슴살볼&패티

READY

생닭가슴살 2쪽(200g)

쪽파 6줄기

방울토마토 3개

느타리버섯 1줌(50g)

당근 1/9개(30g)

올리브유 2큰술

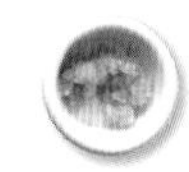
다진 마늘 1/2큰술

소금 3꼬집

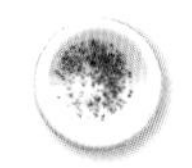
후춧가루 약간

반죽 속 버섯의 식이섬유로 장 활동을 활발하게!

HOW TO MAKE

1 느타리버섯, 당근, 쪽파는 같은 크기로 최대한 잘게 다진다.

2 닭가슴살은 칼로 잘게 다진다.

3 볼에 닭가슴살, 느타리버섯, 당근, 쪽파, 다진 마늘, 소금, 후춧가루를 넣고 손으로 잘 치대며 반죽한다.

4 잘 섞은 반죽을 동그랗게 빚어 닭가슴살볼과 닭가슴살패티를 만든다.

5 팬에 올리브유를 두르고 약한 불에서 닭가슴살볼은 골고루 굴리며, 닭가슴살패티는 앞뒤로 노릇노릇하게 익힌다.

6 접시에 옮겨 담고 방울토마토를 곁들인다.

TIP 냉장고에 있는 자투리 채소들을 넣어 만들어보세요. 익힌 뒤 냉동 보관할 경우 최대 1달 이내에 먹는 것을 권해요.

두부숙주덮밥

READY

현미밥 2/3공기(130g)	두부 1/2모(150g)	숙주 1/2봉지(100g)	쪽파 2줄기	방울토마토 1개	올리브유 2큰술	참기름 1큰술	간장 1큰술	알룰로스설탕 1큰술	통깨 약간

숙주의 아삭한 식감이 살아 있는 한 그릇 밥 요리

HOW TO MAKE

1 두부는 길게 자른 뒤 키친타월에 올려 물기를 제거한다. 쪽파는 송송 썬다.

2 작은 볼에 간장, 물 5큰술, 알룰로스설탕을 넣고 잘 섞어 양념장을 만든다.

3 팬에 올리브유 1큰술을 두르고 두부를 올려 앞뒤로 노릇노릇하게 굽는다.

4 두부에 양념장을 붓고 중약불에서 자작하게 익히다가 참기름을 뿌리고 1~2분간 더 졸여 두부조림을 만든다.

5 팬에 올리브유 1큰술을 두른 뒤 숙주를 넣고 센 불에서 살짝 볶는다.

6 볼에 현미밥, 두부, 숙주를 담고 방울토마토를 2등분해 올린 뒤 쪽파, 통깨를 뿌린다.

TIP 숙주가 없다면 콩나물, 부추, 버섯으로 대체 가능해요.

애호박새우피자

READY

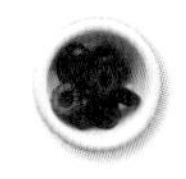

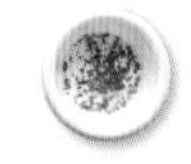

자숙새우	달걀	애호박	블랙올리브	토마토소스	모차렐라 치즈	올리브유	크러쉬드레드페퍼홀	파슬리가루
7마리	1개	1/2개(100g)	3알	2큰술	1큰술	1/2큰술	약간	약간

처음 만나는 영양 가득 새우와 애호박의 저칼로리 피자

HOW TO MAKE

1 자숙새우는 찬물에 담가 해동한 뒤 키친타월에 올려 물기를 제거한다.

2 애호박은 필러로 길게 슬라이스하고, 블랙올리브는 동그란 모양을 살려 자른다.

3 오븐 사용이 가능한 접시에 올리브유를 뿌리고 애호박을 격자무늬로 겹쳐 올린다.

4 애호박의 테두리 부분을 2cm 정도 남기고 안쪽에 토마토소스를 골고루 펴 바른다.

5 가운데 부분을 남기고 모차렐라 치즈, 블랙올리브, 자숙새우를 올린 뒤 빈 가운데 부분에 달걀을 깨트려 넣는다.

6 190도로 예열된 오븐에 넣어 10~15분간 굽고 크러쉬드레드페퍼홀과 파슬리가루를 뿌린다.

TIP 애호박의 씨 부분에서 수분이 많이 나오기 때문에 씨 부분을 제외하고 사용하면 좋아요.

Meal Prep Special

SNS 최다 요청! 미리 만들어 두는 한 그릇

밀프렙

지금 다이어터들의 최대 관심사는 '밀프렙'이라고 해도 과언이 아니에요. 전 세계에 불고 있는 열풍인 밀프렙은 음식을 뜻하는 'Meal'과 준비라는 뜻인 'Preparation'의 합성어입니다. 일주일에 한 번만 요리해 5~6끼를 준비해두고 냉장고에서 하나씩 꺼내 먹는 방식이에요. 시간도 없고 식비 부담이 큰 현대인들에게 안성맞춤이죠. 포만감 가득한 도시락부터, 가볍게 핸드백에 쏙 넣어 가지고 다닐 스무디 파우치나 주스 등 인스타그램에서 문의가 쇄도했던 '다이어트 밀프렙' 메뉴들을 소개할게요. 이동이 많은 날이나 피곤한 날에 실제로 즐겨 먹고 있답니다!
버릴 것 없이 잘 먹을 수 있는 채소들로 건강하게 채웠어요. 특히 냉동실 한 자리를 차지하고 있는 닭가슴살들을 밀프렙으로 화려하게 부활시키는 방법을 알려줄게요. 지루한 다이어트 중에 몸은 편하고 눈과 입은 모두 즐거운 식단 조절 타임을 가져보세요.

닭가슴살새우볶음밥

READY

- 현미밥 3공기(600g)
- 생닭가슴살 3쪽(300g)
- 자숙새우 20마리(100g)
- 달걀 6개
- 방울토마토 20개
- 쪽파 6줄기
- 어린잎채소 6줌
- 빨강·노랑 파프리카 1/2개씩(100g)
- 느타리버섯 1줌(50g)
- 당근 1/9개(30g)
- 올리브유 6큰술
- 굴소스 3큰술
- 카레가루 3큰술
- 후춧가루 약간

닭가슴살과 새우로 단백질 듬뿍, 포만감 최고!

3

6

HOW TO MAKE

1 냄비에 물을 붓고 달걀 3개를 넣은 뒤 센 불에서 10분간 삶는다. 나머지 달걀 3개는 반숙으로 프라이한 뒤 한 김 식힌다.

2 자숙새우는 찬물에 넣어 해동한 뒤 키친타월에 올려 물기를 제거한다.

3 빨강·노랑 파프리카, 느타리버섯, 당근, 쪽파는 잘게 다진다.

4 생닭가슴살과 자숙새우는 같은 크기로 깍둑 썬다.

5 팬에 올리브유를 두르고 쪽파를 먼저 넣고 볶아 파기름을 낸다. 중간 불에서 생닭가슴살과 자숙새우를 넣고 하얗게 익을 때까지 볶는다.

6 빨강·노랑 파프리카, 느타리버섯, 당근을 넣고 볶다가 약한 불로 줄인 뒤 현미밥과 후춧가루를 넣고 골고루 잘 섞어 볶음밥을 만든다.

7 볶음밥을 절반 덜어낸 뒤 팬에 남은 볶음밥에 굴소스를 넣고 약한 불에서 골고루 섞으며 볶아 도시락 용기 3개에 나눠 담는다.

8 다시 덜어놨던 볶음밥을 팬에 담고 카레가루를 넣어 잘 섞으며 볶은 뒤 도시락 용기 3개에 나눠 담는다.

9 굴소스볶음밥에는 달걀프라이를 올리고, 카레볶음밥에는 삶은 달걀을 슬라이스해 올린다. 방울토마토와 어린잎채소를 곁들인다.

TIP 완성한 도시락은 냉장실에 보관했다가 전자레인지에 돌려 먹어요.
취향에 따라 삶은 달걀 혹은 달걀프라이로 전부 통일해도 좋아요.

닭가슴살샐러드백

READY

완조리닭가슴살
6쪽 (600g)

방울토마토
20개

샐러드채소
6팩(600g)

신선한 재료가 층층이 담긴 예쁜 샐러드 한 팩

1

2

HOW TO MAKE

1 샐러드채소는 한입 크기가 되도록 손으로 뜯고 채소탈수기를 이용해 물기를 뺀다.

2 스탠딩지퍼백 1개에 닭가슴살 1쪽을 먼저 담는다.

3 닭가슴살 위에 샐러드채소 100g, 방울토마토 3개를 순서대로 담는다.

TIP 스탠딩지퍼백은 평소 18cm×20cm, 20cm×23cm 두 가지 크기를 애용해요. 책에서는 20cm×23cm 크기를 사용했어요. 완성한 샐러드는 냉장 보관하고 1주 안에 먹어야 무르지 않고 신선하게 먹을 수 있어요.

닭가슴살장조림비빔밥

READY

-  현미밥 3공기 (600g)
-  생닭가슴살 3쪽 (300g)
-  달걀 6개
- 마늘 15개
-  대파 1대
-  아보카도 1개
-  샐러드 채소 1줌
-  어린잎 채소 1줌
-  느타리 버섯 1줌
-  숙주 1줌
- 간장 8큰술
-  알룰로스 설탕 3큰술
-  알룰로스 올리고당 2큰술
-  맛술 2큰술
-  크러쉬드 레드페퍼홀 약간
-  통깨 약간

장조림의 감칠맛으로 일주일 내내 먹어도 질리지 않아요

HOW TO MAKE

1 냄비에 물을 붓고 센 불에서 끓어오르면 닭가슴살, 마늘 6개, 맛술을 넣고 중간 불에서 10분간 익힌다.

2 익힌 닭가슴살은 한 김 식힌 뒤 먹기 좋은 크기로 찢는다.

3 냄비에 물 1컵(120ml)과 간장, 알룰로스설탕, 알룰로스올리고당, 닭가슴살, 마늘 9개, 대파를 넣고 중약불에서 간이 잘 배도록 졸여 닭가슴살장조림을 만든다.

4 냄비에 물을 붓고 달걀 2개를 넣은 뒤 센 불에서 10분간 삶는다. 달걀 2개는 반숙으로 프라이한 뒤 한 김 식히고 나머지 달걀 2개로는 지단을 만든다.

5 도시락 용기 6개에 현미밥과 닭가슴살장조림을 각각 나눠 담은 뒤 아보카도, 샐러드채소, 어린잎채소, 느타리버섯, 숙주 등의 재료들을 올린다. 달걀프라이, 삶은 달걀, 지단을 곁들이고 크러쉬드레드페퍼홀과 통깨를 뿌린다.

TIP 완성한 도시락은 냉장 보관했다가 전자레인지에 돌려 먹어요.
싱겁다면 닭가슴살장조림 양념을 곁들여 먹어도 좋아요.

닭고야도시락

READY

완조리닭가슴살
6쪽 (600g)

방울토마토
20개

고구마
5개(600g)

아스파라거스
3줄기

빨강·노랑 파프리카
1개씩

브로콜리
1송이(200g)

당근
1/9개(30g)

다이어트 대표 식재료들이 밀프렙 도시락 속에 총집합!

HOW TO MAKE

1 고구마는 껍질째 찜기 또는 냄비에 담고 삶는다.

2 브로콜리와 아스파라거스는 끓는 물에 넣어 살짝 데친다.

3 빨강·노랑 파프리카는 한입 크기로 깍둑 썬다.

4 삶은 고구마는 먹기 좋은 크기로 썬다.

5 도시락 용기 6개에 닭가슴살, 고구마, 손질한 채소를 나눠 담는다.

TIP 완성한 도시락은 냉장 보관하세요.
오이나 쌈채소 등의 다른 채소를 추가해도 좋아요.

Meal Prep Special

• BEST •

05

노오븐고구마빵

1개 분량

READY

고구마
1개(130g)

달걀
2개

견과류
1줌(15g)

알룰로스설탕
1큰술

시나몬가루
약간

빵순이 다이어터들 주목! 오븐 없이 만드는 고소한 고구마빵

HOW TO MAKE

1 고구마는 껍질을 벗기고 3~4조각으로 자른다. 내열 용기에 담아 전자레인지에 넣고 4분간 익힌 뒤 포크로 으깨어 한 김 식힌다.

2 견과류는 칼로 잘게 다진다.

3 달걀은 노른자와 흰자를 분리한다.

4 으깬 고구마에 달걀노른자를 넣고 골고루 섞는다.

5 볼에 달걀흰자를 넣고 핸드믹서로 섞는다. 이때 알룰로스설탕을 조금씩 넣어가며 섞어 단단한 머랭을 만든다.

6 으깬 고구마에 머랭, 시나몬가루를 넣고 거품이 꺼지지 않게 살살 뒤적이며 섞은 뒤 사각형의 내열 용기에 옮겨 담고 윗면을 랩으로 감싼다.

7 랩 윗면에 구멍을 3~4개 뚫어 전자레인지에 넣고 6분간 익혀 고구마빵을 완성한다. 식힌 뒤 한입 크기로 자른다.

TIP 고구마 대신 단호박으로 대체하면 색다른 풍미를 느낄 수 있어요.

바삭견과류바

READY

견과류	그래놀라	알룰로스설탕	알룰로스올리고당	올리브유	시나몬가루
200g	10줌(100g)	3큰술	2큰술	1큰술	약간

다이어트 중인 친구나 지인에게 선물하기 딱이에요

HOW TO MAKE

1 견과류는 칼로 작게 다진 뒤 달군 팬에 넣고 약한 불에서 5분간 볶는다.

2 사각형의 용기 안쪽에 비닐봉지를 펼쳐 깐다.

3 팬에 올리브유, 물 2큰술, 알룰로스설탕, 알룰로스올리고당을 넣고 끓어오르면 견과류와 그래놀라를 넣고 잘 섞는다.

4 시나몬가루를 넣고 가볍게 섞은 뒤 불을 끈다.

5 볶은 재료들을 사각 용기에 담는다.

6 볶은 재료를 다시 비닐봉지로 덮은 뒤 도마와 같은 무거운 물건을 올려 모양을 잡는다.

7 용기째로 냉장고에 넣어 반나절 이상 식힌 뒤 꺼내어 먹기 좋은 크기로 썬다.

TIP 그래놀라 대신 다른 씨리얼로 대체해도 좋아요. 되도록 당 함량이 낮은 뮤즐리나 통곡물 씨리얼을 추천해요.

딸기요거트스무디

READY

딸기 400g
드링킹 요구르트 5병(600ml)

HOW TO MAKE

1 딸기는 꼭지를 뗀 뒤 믹서에 넣고 곱게 간다.

2 공병에 곱게 간 딸기를 나눠 담고 드링킹 요구르트를 1병씩 붓는다.

TIP 냉동딸기를 써도 괜찮아요. 먹기 전에는 충분히 흔들어주세요.

아보카도바나나스무디

READY

아보카도 1개(200g)
바나나 1개(150g)
저지방 우유 600ml

HOW TO MAKE

1 아보카도와 바나나는 껍질을 벗긴 뒤 한입 크기로 썬다.
2 믹서에 아보카도, 바나나, 우유를 담은 뒤 곱게 갈아 공병에 나눠 담는다.

TIP 갈변하기 쉬우니 최대한 빨리 먹는 것이 좋아요.

오트밀라떼

READY

오트밀 250g
저지방 우유 800ml

HOW TO MAKE

1 공병에 오트밀을 50g씩 나눠 담는다.

2 우유를 가득 나눠 붓는다.

TIP 마시기 전에 충분히 흔들어서 잘 섞어요.

토마토당근주스

READY

토마토 5~6개(800g)
당근 1/2개(130g)

HOW TO MAKE

1 토마토는 열십자로 칼집을 내고 끓는 물에 넣어 살짝 데쳐 껍질을 벗긴 뒤 당근과 함께 잘게 썬다.

2 냄비에 토마토, 당근, 물 3잔(360ml)을 담고 중약불에서 15분간 끓인 뒤 믹서에 넣고 간다. 한 김 식히고 스파우트파우치에 담는다.

TIP 냉동 보관 시 1달 이내로 먹는 것이 제일 좋아요.

INDEX

베스트 한 그릇 다이어트 레시피 100

펴낸날 초판 1쇄 2019년 4월 20일 | 초판 7쇄 2022년 4월 1일

지은이 최희정

펴낸이 임호준
출판 팀장 정영주
편집 김은정 김유진 이상미
디자인 유채민 | **마케팅** 길보민 이지은
경영지원 나은혜 박석호 황혜원

인쇄 상식문화

펴낸곳 비타북스 | **발행처** (주)헬스조선 | **출판등록** 제2-4324호 2006년 1월 12일
주소 서울특별시 중구 세종대로 21길 30 | **전화** (02) 724-7664 | **팩스** (02) 722-9339
포스트 post.naver.com/vita_books | **블로그** blog.naver.com/vita_books | **인스타그램** @vitabooks_official

ISBN 979-11-5846-289-5 13590

100% 감량 성공! 화제의 한 그릇 2주 베스트 플랜

	1일차	2일차	3일차	4일차	5일차	6일차	7일차
아침	요거트사라다와 통밀빵 *70p*	전자레인지 숙주버섯밥 *90p*	버섯토스트 *78p*	부추참치비빔밥 *72p*	방울토마토 스트링치즈토스트 *58p*	시금치스크램블 에그주먹밥 *60p*	크래미소보로덮밥 *56p*
점심	참치오니기라즈 *130p*	크래미또띠아롤 *156p*	닭가슴살김치볶음밥 *120p*	가지크래미피자 *132p*	참치스크램블 에그덮밥 *144p*	자유식	과일요거트볼 *138p*
저녁	고구마닭가슴살 퀘사디아 *176p*	두부달걀볶음밥 *166p*	과콰몰리에그토스트 *198p*	두부숙주덮밥 *220p*	단호박닭가슴살 에그슬럿 *190p*	닭가슴살롤스테이크 *164p*	참치두부프리타타 *208p*

	8일차	9일차	10일차	11일차	12일차	13일차	14일차
아침	과일오픈샌드위치 *40p*	브로콜리마늘 닭가슴살볶음밥 *88p*	당근달걀둥지토스트 *44p*	전자레인지 채소비빔밥 *92p*	자투리채소토스트 *94p*	훈제오리김치롤 *76p*	양배추김밥 *50p*
점심	참치오이주먹밥 *140p*	참치샌드위치 1/2쪽 *118p*	달걀말이김밥 *102p*	훈제연어사과 오픈샌드위치 *148p*	달걀지단새우덮밥 *110p*	자유식	볶음양파오픈토스트 *128p*
저녁	양배추오믈렛 *204p*	참치샌드위치 1/2쪽 *118p*	참치또띠아피자 *200p*	크래미에그피자 *184p*	떠먹는단호박피자 *172p*	양배추참치두부롤 *174p*	오징어새싹비빔밥 *214p*

급하다 급해! 휴가철 D-DAY 1주 바짝 플랜

	1일차	2일차	3일차	4일차	5일차	6일차	7일차
아침	과일오픈샌드위치 *40p*	시금치스크램블 에그주먹밥 *60p*	요거트사라다와 통밀빵 *70p*	양배추달걀볶음밥 *74p*	방울토마토 스트링치즈토스트 *58p*	브로콜리닭가슴살 주먹밥 *42p*	자투리채소토스트 *94p*
점심	단호박견과죽 *146p*	가지크래미피자 *132p*	참치오니기라즈 *130p*	크래미또띠아롤 *156p*	닭가슴살김치볶음밥 *120p*	닭가슴살냉채월남쌈 *126p*	방울초밥 *116p*
저녁	두부숙주덮밥 *220p*	참치또띠아피자 *200p*	양배추오믈렛 *204p*	떠먹는단호박피자 *172p*	아보카도버거 *168p*	양배추참치두부롤 *174p*	참치두부프리타타 *208p*

정체기의 우울한 맘을 리프레시! 1주 뚝심 플랜

	1일차	2일차	3일차	4일차	5일차	6일차	7일차
아침	부추참치비빔밥 *72p*	크래미소보로덮밥 *56p*	요거트사라다와 통밀빵 *70p*	전자레인지 숙주버섯밥 *90p*	요거트롤샌드위치 *48p*	매콤참치시금치덮밥 *82p*	양배추스크램블 에그토스트 *86p*
점심	닭가슴살햄언위치 1/2쪽 *104p*	훈제연어사과 오픈샌드위치 *148p*	훈제오리주먹밥 *154p*	애호박오픈샌드위치 *136p*	참치오니기라즈 *130p*	닭가슴살과일월남쌈 *112p*	달걀지단새우덮밥 *110p*
저녁	닭가슴살햄언위치 1/2쪽 *104p*	고구마닭가슴살 퀘사디아 *176p*	아보카도버거 *168p*	두부달걀볶음밥 *166p*	크래미에그피자 *184p*	두부숙주덮밥 *220p*	소고기가지초밥 *192p*

다이어트에 성공한 당신에게 굳히기 선물! 2주 유지 플랜

	1일차	2일차	3일차	4일차	5일차	6일차	7일차
아침	소고기버섯카레주먹밥 *68p*	브로콜리마늘 닭가슴살볶음밥 *88p*	요거트롤샌드위치 *48p*	감자콩나물밥 *54p*	당근달걀둥지토스트 *44p*	시금치스크램블 에그주먹밥 *60p*	요거트사라다와 통밀빵 *70p*
점심	가지오픈샌드위치 *108p*	훈제연어스시부리또 *160p*	달걀말이김밥 *102p*	단호박견과죽 *146p*	참치스크램블에그덮밥 *144p*	자유식	닭가슴살김치볶음밥 *120p*
저녁	오징어새싹비빔밥 *214p*	떠먹는단호박피자 *172p*	아보카도버거 *168p*	닭가슴살롤스테이크 *164p*	크래미에그피자 *184p*	양배추오믈렛 *204p*	훈제연어채소롤 *194p*

	8일차	9일차	10일차	11일차	12일차	13일차	14일차
아침	크래미소보로덮밥 *56p*	아보카도낫또덮밥 *46p*	양배추참치덮밥 *66p*	과일오픈샌드위치 *40p*	버섯토스트 *78p*	훈제오리김치롤 *76p*	매콤참치시금치덮밥 *82p*
점심	볶음양파오픈토스트 *128p*	통밀프렌치토스트 *152p*	크래미또띠아롤 *156p*	방울초밥 *116p*	달걀지단새우덮밥 *110p*	자유식	크래미샐러드 또띠아피자 *158p*
저녁	두부달걀볶음밥 *166p*	두부숙주덮밥 *220p*	소고기가지초밥 *192p*	닭불고기덮밥 *206p*	참치두부프리타타 *208p*	아보카도&훈제연어 오픈샌드위치 *180p*	고구마두부스테이크 *188p*